北京沟域

花卉植物栽培技术手册

◎ 北京市农业技术推广站　组织编写

杨　林　时祥云　朱　莉　主编

中国农业科学技术出版社

图书在版编目（CIP）数据

北京沟域花卉植物栽培技术手册 / 杨林，时祥云，朱莉主编 . -- 北京 : 中国农业科学技术出版社，2016.1
ISBN 978-7-5116-2481-9

Ⅰ . ①北…　Ⅱ . ①杨…　②时…　③朱…　Ⅲ . ①花卉—观赏园艺—技术手册　Ⅳ . ① S68-62

中国版本图书馆 CIP 数据核字（2016）第 003559 号

责任编辑　于建慧
责任校对　贾海霞

出 版 者　中国农业科学技术出版社
北京市中关村南大街 12 号　邮编：100081
电　　话　（010）82109194（编辑室）（010）82109704（发行部）
（010）82109703（读者服务部）
传　　真　（010）82109708
网　　址　http://www.castp.cn
经 销 者　各地新华书店
印 刷 者　北京富泰印刷有限责任公司
开　　本　889mm × 1 194mm　1 /32
印　　张　4.25
字　　数　118 千字
版　　次　2016 年 1 月第 1 版　2016 年 1 月第 1 次印刷
定　　价　19.80 元

《北京沟域花卉植物栽培技术手册》
编委会

主　任	马荣才（北京市农业局）
副主任	程晓仙（北京市农业局）
	王克武（北京市农业技术推广站）
委　员	王　菲（北京市科学技术委员会）
	肖长坤（北京市农业局）
	张　猛（北京市农业局）
	初蔚琳（北京市农业局）

主　编	杨　林（北京市农业技术推广站）
	时祥云（延庆区农业技术推广站）
	朱　莉（北京市农业技术推广站）
编　者	杨　林（北京市农业技术推广站）
	时祥云（延庆区农业技术推广站）
	朱　莉（北京市农业技术推广站）
	李　琳（北京市农业技术推广站）
	聂紫瑾（北京市农业技术推广站）
	赵　菲（北京市农业技术推广站）
	田　满（北京市农业技术推广站）
	陈　谦（北京市农业技术推广站）
	李建国（延庆区农业技术推广站）
	王立臣（延庆区农业技术推广站）
	齐合玉（北京市农业技术推广站）
	张博伦（延庆区农业技术推广站）
	赵　岩（延庆区农业技术推广站）

前言
PREFACE

北京的山区占到市域总面积62%，涉及119个山区乡镇，2 300余条沟域，是北京重要的水源涵养地和生态屏障，生态文明建设和可持续发展的重要支撑，也是北京生物多样性、景观资源和文化保护的重点地区。沟域经济是近年来北京山区在发展经济的过程中逐渐探索总结出的一种经济形态，是以山区沟域为空间单元，以自然景观、农业景观、文化历史遗迹和产业资源等要素为发展基础，集生态涵养、旅游观光、经济发展和人文价值与一体，对沟域单元内部环境、景观、村庄、产业等进行统一的规划，建成产业融合且富有鲜明特色、具有一定规模的沟域产业带，并通过以点带面、多点成线、产业互动，形成聚集规模，从而实现山区发展与农民致富。沟域经济虽然发展时间不长，但近年来北京地区通过“以农造景、以景促旅”，逐步打造形成了一批成功的沟域经济发展案例，如延庆四季花海、延庆百里画廊、房山上方花海等精品景观沟域，验证了沟域经济是非常符合北京山区发展客观需求，能够加快山区经济发展，促进山区人民致富的一种经济模式，是未来北京山区发展经济的一个方向。

在这些沟域建设过程中，花卉无疑是其中重要的一类景观植物材料。围绕花卉的特色主题，使用蓝花鼠尾草、柳叶马鞭草、万寿菊等景观花卉营造出的观光园区和景观示范点如雨后春笋般涌现出来，在这样如火如荼的景观建设过程中也暴露出一些亟待解决的问题。以北京市农业技术推广站为主的景观花卉研究团队一直致力于景观花卉新品种、新技术和新模式的引进、研究和示范推广工作，积累了大量实践经验。基于目前北京山区沟域景观建设的需求，特组织编写此书，以指导景观花卉的生产和应用。

本书结合“产业融合提升沟域经济发展”科技示范项目成果，由四章组成。第一章为概述，介绍了花卉的相关基础知识，北京花卉产业概况及主要的景观应用模式。第二章为京郊沟域常见花卉种类介绍，介绍了沟域中应用较多的 3 大类共计 34 种花卉种类资源。第三章为京郊沟域主栽花卉景观栽培技术，详细介绍了 10 种目前北京景观花卉产业中种植规模较大的花卉种植技术。第四章为典型沟域花卉景观示范点展示，着重介绍了北京 10 个典型的山区沟域景观花卉产业现状。

本书写作力求通俗易懂，内容详实，受众主要是从事沟域农田景观建设和休闲农业园区建设的相关技术人员，也适于从事花卉种植生产的农户阅读。限于作者水平，不当或错误之处敬请业界同仁和读者斧正。

目 录
CONTENTS

第一章　概述

第二章　京郊沟域常见花卉种类

第三章　京郊沟域主栽花卉景观栽培技术

第四章 典型沟域花卉景观示范点展示

第一章
概述

◎ 花卉相关概念介绍
◎ 北京地区花卉作物种植概况
◎ 花卉作物在京郊沟域景观中的应用

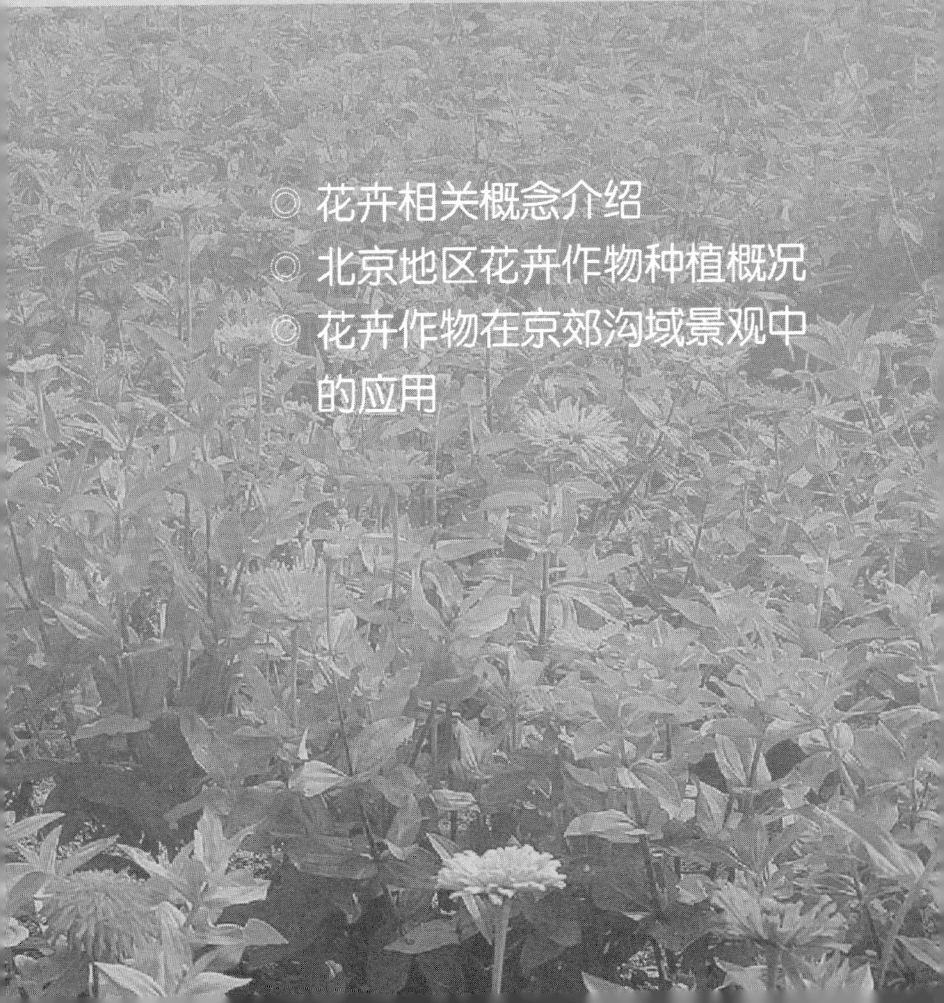

◎ 花卉相关概念介绍

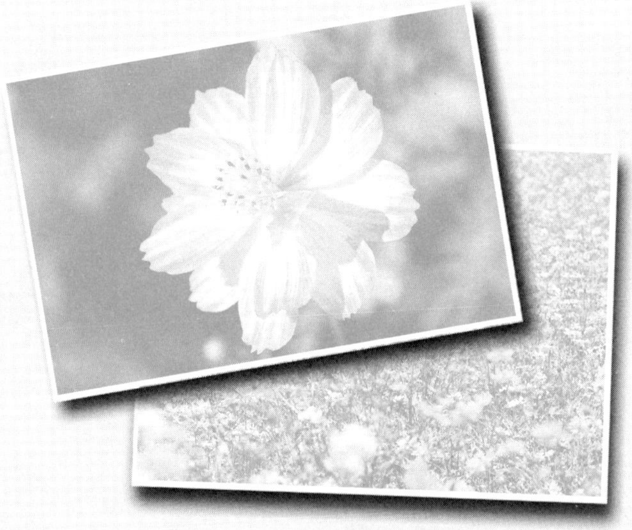

花卉的定义

“花”是指种子植物的繁殖器官，是一种具有观赏价值的特化的缩短的枝，“卉”是各种草（多指供观赏的）的统称。辞海称花卉为可供观赏的花草。

广义的“花卉”指除具有观赏价值的草本植物以外，凡是花、茎、叶、果或根在形态或色彩上具有观赏价值的植物均可称为“花卉”。在《中国大百科全书·观赏园艺卷》中，花卉被定义为具有观赏价值的草本植物、草坪植物以及一部分观赏树木和盆景植物。因此，可以认为“花卉”是所有观赏植物的通称，尤以观花植物为主［程杰《论花卉、花卉美和花卉文化》］。

花卉的分类

1　按生态型分类

草本花卉　草本花卉指茎木质部成分少，茎多汁，柔软脆弱的花卉。主要包括一年生、二年生及多年生草本花卉。

◎一年生草本花卉　在一个生长季内完成生活史的植物。即从播种到开花、结实、枯死均在一个生长季内完成。一般春天播种、夏秋生长，开花结实，然后枯死，因此，一年生花卉又称春播花卉。例如：百日草、鸡冠花、波斯菊等。

◎二年生草本花卉　在两个生长季内完成生活史的花卉。当年只生长营养器官，越年后开花、结实、死亡。这类花卉，一般秋天播种，翌年春季开花，因此常称为秋播花卉。例如：金鱼草、紫罗兰、羽衣甘蓝等。

◎多年生草本花卉　个体寿命超过两年的，能多次开花结实。多年生草本花卉又可分 3 个亚类（表 1）。

表 1　多年生草本花卉亚类

亚类	特征	典型花卉
宿根草本花卉	地上部一岁一枯，地下宿存多年，且地下部形态正常，不发生变态的。	菊花、萱草、玉簪等。
球根草本花卉	地上部一岁一枯，地下宿存多年，且地下部分形态发生变态，形成具肥大而富含营养的变态茎或变态根，以其变态器官类型和形态可分为鳞茎、球茎、块茎、球根、块根等类型。	百合、马蹄莲、唐菖蒲等。
常绿草本花卉	地上部保持常绿，并可生长多年，多次开花，多指起源于热带地区的花卉。	凤梨、竹芋、兰花等。

木本花卉　木本花卉指茎木质部成分高，具有明显木质化枝干的多年生花卉，主要包括灌木、乔木和藤木三种类型（图 1）。

指没有明显主干，呈丛生状态生长，相对比较矮小的木本花卉。例如：月季、牡丹、绣线菊等。

灌木类花卉

指具有明显独立的主干，树干和树冠有明显区分，树身较高大的木本花卉。例如：玉兰、碧桃、西府海棠等。

乔木类花卉

又可称为木质藤本花卉，是指茎具有攀援、缠绕特性的木本花卉。例如：紫藤、凌霄、五叶地锦等。本概念多与草质藤本花卉概念相对应，草质藤本花卉如牵牛、茑萝等。

藤木类花卉

图 1　木本花卉主要类型

2 按栽培类型分类

保护地栽培花卉　多原产于热带或亚热带地区，生长季对温度要求较高，在北方栽培必须借助温室等设施越冬的花卉。例如：兰花、花烛、凤梨等。

露地栽培花卉　多原产于温带或寒带地区，生长季对温度要求较低，在北方作一年生栽培的花卉，或可露地越冬的多年生花卉。例如：地被菊、萱草、月季等。其中，还包括部分原产于热带地区的多年生花卉，在北方地区作一年生栽培，例如：蓝花鼠尾草、柳叶马鞭草、一串红等。

3 按经济用途分类

部分花卉在满足人们精神需求的同时还兼具一些其他经济用途，有些种类花卉甚至同时兼具多种功能。

药用花卉　指除可供观赏外，某些器官可供药用的花卉。例如：桔梗、射干、黄芩等。

茶用花卉　指除可供观赏外，某些器官可供茶饮的花卉。例如：茶用菊花、薄荷、金莲花等。

香料花卉　指除可供观赏外，某些器官可用作香料的花卉。例如：薰衣草、迷迭香、鼠尾草等。

食用花卉　指除可供观赏外，某些器官可供食用的花卉。例如：食用百合、食用玫瑰、莲等。

工业用花卉　指除可供观赏外，某些器官可供食品、医疗、化妆等加工用的花卉。例如：色素万寿菊、琉璃苣、留兰香。

花卉的生物学特性

1 生命周期

花卉作物一生中主要包括幼苗期、营养生长期、生殖生长期、衰败期和休眠期5个阶段。对于一二年生花卉来说，生命周期只有一次，而对于多年生花卉来说生命周期中除了幼苗期只有一次，其他阶段会周而复始循环往复，直至生命最终衰亡。

幼苗期 植株从种子（或营养繁殖体）萌发到逐渐长大进入营养生长旺盛期的阶段称为花卉的幼苗期。这阶段植株以营养生长为主，是各营养器官形态建成的重要时期。

营养生长期 植株进入旺盛生长阶段以后到分化形成花蕾之前的时期称为营养生长期。这阶段植株营养生长旺盛，后期开始转入生殖生长，是积累营养物质和形态建成的关键时期。

生殖生长期 从花蕾迅速膨大到花瓣脱落的一段时期。这一段时期又可分为初花期（5%的花开放）、盛花期（25%以上的花开放）、盛花末期（75%的花开放）和终花期（花全部谢落）四个时期。

衰老期 一年生、二年生花卉开花后衰败死亡，多年生花卉转入花后营养生长或转入休眠。

休眠期 对于落叶多年生花卉或典型的二年生花卉在经过生长季后会转入低代谢水平状态，称之为休眠期。

2 成花机制

春化作用 有些花卉植物需要低温条件，才能促进花芽形成和花器发育，这一过程叫做春化阶段，而使植物通过春化阶段的这种低温刺激和处理过程则叫做春化作用。按照接受春化刺激的生长阶段不同可以分为种子春化和植物体春化。

光周期 指一日中日出日落的时数或指一日中光期和暗期的时

数。不同花卉植物花芽的形成或花器官的发育对光周期有不同的需求，就此可以分为长日植物、短日植物和日中性植物。

碳氮比成花理论　该理论认为花芽分化的物质基础是植物体内的糖类的积累，植物体内含氮化合物与同化糖类含量的比例是决定花芽分化的主要关键，当糖类多，含氮化合物少时，促进花芽的分化。

“成花素”学说　认为花芽分化是由于成花素的作用，花芽的分化以花原基的形成为基础，而花原基的发生则是由于植物体内各种激素趋平所致，形成花原基以后的生长发育速度也主要受营养和激素的制约。

花卉栽培的相关术语

1　环境描述类术语

温度三基点　即最低温度、最适温度、最高温度，即是最低点、最适点、最高点。每一种花卉的生长发育，对温度都有一定的要求，花卉种类不同，三基点也不同。

光强　即光照的强度，单位用 lux 表示。光强对花色影响较大，紫红色的花是花青素存在形成的，花青素必须在强光下产生，同时光照强弱对花蕾开放时间也有很大的影响。

见湿见干　花卉种植时的一个常用术语，意指浇水时一次浇透，然后等到土壤快干透时再浇第二次水，它的作用是防止浇水过多导致烂根和潮湿引起的病虫害。

2　农事操作类术语

摘心　摘除枝梢顶芽。可以促进分枝生长，增加枝条数量，也可抑制枝条徒长。

除芽　去除叶腋处侧芽。除芽的目的在于抑制枝条数量的增加，使所留的主花大而饱满。

折梢和捻梢　折梢是将新梢折曲，但仍然连而不断。捻梢是将枝条捻转。两者的目的都是抑制枝条徒长，促进花芽形成。

修枝　剪除枯枝和病枝及位置不正的枝，以改善植株通风透光性。

分生繁殖　也称分株繁殖，即将丛生的植株分离，或将植物营养器官的一部分与母株分离，另行栽植而形成独立新植株的繁殖方法。所产生的新植株能保持母株的遗传性状，方法简便、易于成活、成苗较快；但繁殖系数较低，切面较大，易感染病毒病等病害。

扦插繁殖　扦插繁殖即取植株营养器官的一部分，插入疏松润湿的土壤或细沙中，利用其再生能力，使之生根抽枝，成为新植株。

嫁接　即把一种植物的枝或芽，嫁接到另一种植物的茎或根上，使接在一起的两个部分长成一个完整的植株。

压条繁殖　压条繁殖是使连在母株上的枝条形成不定根，然后再切离母株成为一个新生个体的繁殖方法。

组织培养繁殖　简称“组培”，又称为“微体繁殖”。即把植物体的细胞、组织或器官的一部分，在无菌的条件下接种到培养基上，在玻璃容器内进行培养，从而得到新植株的繁殖方法。

3　设施类术语

风障　风障是利用各种高秆植物的茎秆栽成篱笆形，以阻挡寒风、提高局部环境温度与湿度，形成良好的小气候环境，保证植物安全越冬，提早生长，提前开花。

荫棚　用遮阳网或草席遮盖搭建的简易设施，应用于扦插、播种后的防晒保护，和对温室花卉出室的过渡期保护。

大棚　利用简易钢架结构和塑料棚膜搭建的简单农业设施，主要用于春季育苗和部分盆切花生产。

日光温室　又称“暖房”，能透光、保温（或加温），用来栽培植物的设施。主要用于寒冷地区栽培热带和亚热带植物、促成栽培、春播花卉的提前播种育苗、反季节栽培和周年供应等。

◎ 北京地区花卉作物种植概况

北京花卉产业布局和发展情况

从世界范围看，花卉产业发展方兴未艾，在整个农业领域中已经成为最具活力的产业之一，也是现代化高效农业重要的组成部分。随着我国国民经济的发展和国家软实力的提升，我国的花卉产业也正在稳步健康发展。

北京作为祖国首都，是政治、文化和科技中心，发展花卉产业具有政策、市场、人才、科研等方面得天独厚的优势。花卉产业集经济效益、社会效益和生态效益“三效合一”，具有单位面积产出大、产品附加值高等特点，并且极具产业融合引领效果，是充分体现大都市发展特性、具有高端高效高辐射特征、适应市民新型消费特点的绿色产业，也是都市型现代农业的重要组成部分。花卉与城乡绿化美化和生态环境保护密切相关，符合城市建设发展和城乡居民消费升级的要求。花卉具有生产、生活、生态作用，兼具物质和精神双重属性，承载着文化和服务双重功能。伴随首都经济社会的转型升级和农业种植结构调整，北京消费市场对花卉的需求也呈现出日益增长的态势。据不完全统计，截至 2014 年北京市花卉种植面积已达超过 8 万亩，年产值超过 13 亿元。新形势下，北京花卉产业在规模扩大的同时，产业形态不断细化专化，逐步摆脱了以往只重视生产，产业结构单一的局面，实现了产业“做强、做细、做精”。

北京市三面环山，地形多样具有丰富的自然资源，并在此基础上逐步形成了具有蓬勃活力的沟域经济产业带。北京市花卉产业“十二五”发展规划中明确指出，要着力打造山区和平原两大花卉产业发展带。目前，北京市花卉产业的布局基本形成，分别形成以通州区、昌平、顺义等平原近郊区县为主的设施生产花卉产业和以延庆、房山、密云等山区远郊区县为主的景观观光花卉产业。近年来，北京山区沟域的花卉种植面积已经超过平原地区，逐步成为北京花卉产业的后起之秀和推动力量。

北京花卉产业类型

目前，北京市花卉产业可以细分并概括为：传统生产型、采后加工型、景观观光型 3 种主要的产业形态。随着北京花卉产业的精细化进程，花卉产业的产业链条逐步拉伸，产业融合度显著提高，培育了一批极具竞争力和产业带动性的企业和园区。

传统生产型花卉产业　传统生产型花卉产业是指以盆花、切花生产为主体的花卉产业形式。生产型花卉产业曾经是北京市花卉产业的主要支柱，对资本和技术要求高，对市场敏感依赖大。北京地区比较著名的盆切花产品包括百合、切花菊、月季等切花产品，花烛、蝴蝶兰、凤梨等高端盆花产品，以及盆栽串红、万寿菊、球菊等节庆用草盆花产品。随着我国经济结构调整和市场变化，现在大部分从事生产型花卉产业的企业已经开始转型，向产业融合度更高的观光型花卉产业升级。

采后加工型花卉产业　采后加工型花卉产业是指以生产可用于医药、化妆、食品添加等领域原料花卉作物为主体的花卉产业形式。采后加工型花卉产业主要是伴随着农业种植产业结构调整而发展起来的花卉产业，一般以农田为主要种植地，技术门槛低，管理相对粗放，与景观观光结合容易，对下游产业依赖性强。北京地区目前发展规模较大的采后加工型花卉种类有色素万寿菊、玫瑰、茶用菊、观食两用葵及部分的芳香药用作物。现在大部分采后加工型花卉产业已经与观光农业高度结合，形成了延庆四季花海、门头沟妙峰山等著名的花卉景观带。

景观观光型花卉产业　景观观光型花卉产业是指以花卉种植形成景观吸引游客观光体验的花卉产业形式。景观观光型花卉产业也可称为花卉旅游产业，通过花卉种植，营造优美景观，同时带动相关产品、互动体验和餐饮住宿，是一种高度融合一、二、三产业的复合型产业。目前，已经形成了“人间花海”、“玫瑰情园”等一批花卉观光园区，同时，以采后加工型花卉生产的几条沟域也逐步完成了向景观观光型花卉产业的升级转型，可以说景观观光型花卉产业是当前北京市花卉产业中最有潜力与活力的组成部分。

◎ 花卉作物在京郊沟域景观中的应用

北京山区沟域凭借良好的自然资源，已经成为景观观光型花卉产业发展的重点区域，景观模式也日益多样化，目前可概括为以下9种类型。

花海景观模式

单色花海景观　单色花海景观是指以单品种且纯色的花卉作物构建的花海景观模式。

混色花海景观　分为如下两种景观。

◎单品种混色花海景观。单品种混色花海景观是指以不同颜色的单一花卉品种混播构建的花海景观模式。

◎多品种组合花海景观。多品种组合花海景观是指以不同品种花卉作物混播构建的花海景观模式。

复合式花海景观　复合式花海景观是指在同一地块上以不同品种或花色的花卉作物构成一定几何形状的斑块，并复合构建的花海景观模式。

条带花海景观　条带花海景观是指在同一地块上以不同品种或花色的花卉作物形成色彩条带构建的花海景观模式。

艺术造型景观模式

图案造型景观　图像造型景观是指利用花卉作物种植形成特定图案从而构建的艺术造型景观模式。

文字造型景观　文字造型景观是指利用花卉作物种植形成特定文字从而构建的艺术造型景观模式。

梯田景观模式

单一梯田景观　单一梯田景观是指以单品种且纯色的花卉作物构建的梯田景观模式。

复合梯田景观　复合梯田景观是指以不同颜色或不同品种花卉作物构建的梯田景观模式。

护坡景观模式

简单护坡景观　简单护坡景观是指以单品种且纯色的景观作物构建的地被护坡景观模式。

复合护坡景观　复合梯田景观是指以不同颜色或不同品种花卉作物构建的地被护坡景观模式。

林下景观模式

林下景观模式是指林下以花卉类作物为主的间套作复合田构建形成的林—花复合景观模式。

观光廊架景观

观光廊架景观是指通过人工设置竹、木、金属等廊架结构，配以种植藤本花卉形成的立体廊道景观模式。

设施采摘景观

设施采摘景观是指在温室、大棚等农业设施中，通过种植规划设计形成的便于游人穿行观光采摘的设施内景观模式。

植物缓冲带景观

植物缓冲带是指农田与园路或水体交界的一定区域内设置的由多种花卉结合形成的立体植物带，在农田与园路或水体之间起到一定的视觉和生态缓冲作用。

生态湿地景观

生态湿地景观是指通过挺水植物、浮水植物及沉水植物的搭配种植构建出具有相对稳定结构生态群落的景观模式。

第二章

京郊沟域常见花卉种类

◎ 一、二年生草本花卉

◎ 球、宿根草本花卉

◎ 木本花卉

◎ 一二年生草本花卉

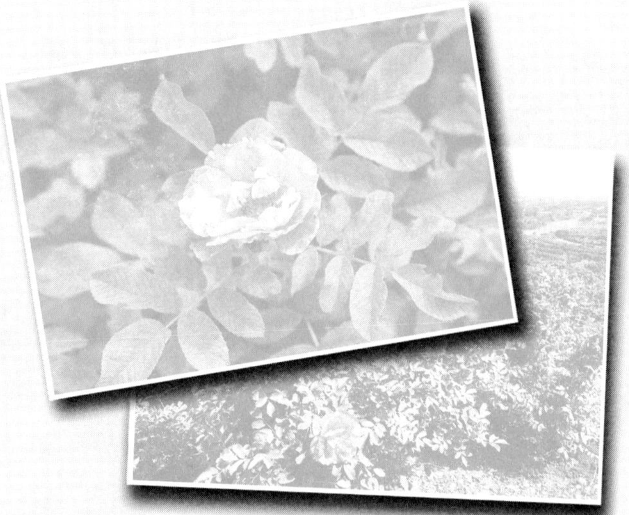

蓝花鼠尾草

【别　　名】粉萼鼠尾草、一串蓝、蓝丝线

【拉 丁 名】***Salvia farinacea***

【科属地位】唇形科鼠尾草属

【原 产 地】北美洲南部

【形态特征】多年生亚灌木，常作一年生草本栽培。株高 30~100 厘米，植株呈丛生状，植株被柔毛。茎为四角柱状，且有毛，下部略木质化。叶对生，长椭圆形，绿色，叶脉明显，两面无毛，下面具腺点。顶生总状花序，花序长达 15 厘米或以上；苞片较小，蓝紫色，开花前包裹着花蕾；花梗密被蓝紫色的柔毛。花萼钟形，蓝紫色，萼外沿脉上被具腺柔毛。花期 6—10 月。

【景观应用】农田片植 / 条带种植 / 护坡种植 / 孤植

【其他用途】籽种采收，可作切花或盆栽。

柳叶马鞭草

【别　　名】细叶马鞭草、长茎马鞭草

【拉 丁 名】***Verbena bonariensis***

【科属地位】马鞭草科马鞭草属

【原 产 地】巴西、阿根廷等地

【形态特征】多年生亚灌木，常作一年生草本栽培。株高 80~150 厘米，植株直立呈丛生状。茎为四棱状，且有毛，下部木质化。叶暗绿色，丛生于基部；为长卵圆至柳叶形，呈十字对生，初期叶近椭圆形边缘略有缺刻，花茎抽高后的叶转为细长型如柳叶状边缘齿状缺刻。花茎直立，细长而坚韧。顶生聚伞花序，小花筒状着生于花茎顶部，花微小，紫红色或淡紫色。花期 5—9 月。

【景观应用】农田片植 / 条带种植 / 护坡种植

【其他用途】籽种采收，可作切花或盆栽。

百日菊

【别　　名】百日草、火毡花、鱼尾菊、节节高、步步登高

【拉 丁 名】***Zinnia elegans***

【科属地位】菊科百日菊属

【原 产 地】墨西哥

【形态特征】一年生草本。茎直立，高 30~100 厘米。叶宽卵圆形或长圆状椭圆形，基部稍心形抱茎，两面粗糙，下面被密的短糙毛，基出三脉。头状花序，单生枝端，无中空肥厚的花序梗。总苞宽钟状；总苞片多层，宽卵形或卵状椭圆形。托片上端有延伸的附片；附片紫红色，流苏状三角形。舌状花深红色、玫瑰色、紫堇色或白色，舌片倒卵圆形，先端 2~3 齿裂或全缘，上面被短毛，下面被长柔毛。管状花黄色或橙色，先端裂片卵状披针形，上面被黄褐色密茸毛。有单层或多层、卷叶或皱叶和各种不同花型的园艺品种。雌花瘦果倒卵圆形，扁平，腹面正中和两侧边缘各有 1 棱，顶端截形，基部狭窄，被密毛；管状花瘦果倒卵状楔形，极扁，被疏毛，顶端有短齿。花期 6—9 月，果期 7—10 月。

【景观应用】农田片植 / 条带种植 / 护坡种植 / 孤植

【其他用途】籽种采收，可作切花或盆栽。

万寿菊

【别　　名】蜂窝菊、臭菊、臭芙蓉

【拉 丁 名】*Tagetes erecta*

【科属地位】菊科万寿菊属

【原 产 地】墨西哥

【形态特征】一年生草本，高 50~150 厘米。茎直立，粗壮，具纵细条棱，分枝向上平展。叶羽状分裂，裂片长椭圆形或披针形，边缘具锐锯齿，上部叶裂片的齿端有长细芒；沿叶缘有少数腺体。头状花序单生，花序梗顶端棍棒状膨大；总苞杯状，顶端具齿尖；舌状花黄色或暗橙色；舌片倒卵形，基部收缩成长爪，顶端微弯缺；管状花花冠黄色，顶端具 5 齿裂。瘦果线形，基部缩小，黑色或褐色，被短微毛。花期 7—9 月。

【景观应用】农田片植 / 条带种植 / 护坡种植 / 孤植

【其他用途】可提炼叶黄素，可做食品色素或药用，矮生品种可做盆栽。

一串红

【别　　名】串红、爆仗红、象牙红、西洋红

【拉 丁 名】***Salvia splendens***

【科属地位】唇形科鼠尾草属

【原 产 地】巴西

【形态特征】亚灌木，常作一年生草本栽培，株高可达 90 厘米。茎钝四棱形，具浅槽，无毛。叶卵圆形或三角状卵圆形，先端渐尖，基部截形或圆形，稀钝，边缘具锯齿，上面绿色，下面较淡，两面无毛，下面具腺点。轮伞花序 2~6 花，组成顶生总状花序，花序长达 20 厘米或以上；苞片卵圆形，红色，大，在花开前包裹着花蕾，先端尾状渐尖；花梗密被染红的具腺柔毛，花序轴被微柔毛。花萼钟形，红色，外面沿脉上被染红的具腺柔毛。花冠红色，外被微柔毛，内面无毛，冠筒筒状，直伸，在喉部略增大，冠檐二唇形，上唇直伸，略内弯，长圆形，下唇比上唇短，3 裂，中裂片半圆形，侧裂片长卵圆形，比中裂片长。小坚果椭圆形，暗褐色，边缘或棱具狭翅，光滑。花期 7—10 月。

【景观应用】农田片植 / 条带种植

【其他用途】籽种采收，可作切花或盆栽。

波斯菊

【别　　名】波斯菊、秋英、秋英菊

【拉 丁 名】*Cosmos bipinnata*

【科属地位】菊科秋英属

【原 产 地】墨西哥

【形态特征】一年生或多年生草本，高50~200厘米。根纺锤状，多须根，或近茎基部有不定根。茎无毛或稍被柔毛。叶二次羽状深裂，裂片线形或丝状线形。头状花序单生，径3~6厘米。总苞片外层披针形或线状披针形，近革质，淡绿色，具深紫色条纹，上端长狭尖，较内层与内层等长，内层椭圆状卵形，膜质。托片平展，上端成丝状，与瘦果近等长。舌状花紫红色，粉红色或白色，园艺品种有复色类型；舌片椭圆状倒卵形，有3~5钝齿；管状花黄色，管部短，上部圆柱形，有披针状裂片；花柱具短突尖的附器。瘦果黑紫色，无毛，上端具长喙，有2~3尖刺。花期6—8月，果期9—10月。

【景观应用】农田片植 / 条带种植 / 护坡种植 / 孤植

【其他用途】籽种采收，可作切花或盆栽。

硫华菊

【别　　名】黄秋英、硫黄菊、黄波斯菊

【拉 丁 名】*Cosmos sulphureus*

【科属地位】菊科秋英属

【原 产 地】墨西哥

【形态特征】一年生或多年生草本，高 80~200 厘米。根纺锤状，多须根，或近茎基部有不定根。二回羽状复叶，深裂。头状花序单生；花序梗长 12~20 厘米。总苞片外层披针形或线状披针形，近革质，淡绿色，具深紫色条纹，内层椭圆状卵形。舌状花金黄色或橘黄色；叶 2~3 次羽状深裂，裂片较宽，披针形至椭圆形；瘦果有粗毛，连同喙长达 18~25 毫米，喙纤弱。花期 7—8 月。

【景观应用】农田片植 / 条带种植 / 护坡种植 / 孤植

【其他用途】籽种采收，可作切花或盆栽。

醉蝶花

【别　　名】紫龙须、凤蝶花、蜘蛛花

【拉 丁 名】*Cleome spinosa*

【科属地位】白花菜科醉蝶花属

【原 产 地】热带美洲

【形态特征】一年生强壮草本，高1~1.5米，全株被黏质腺毛，有特殊味道，有托叶刺，尖利，外弯。叶为具5~7小叶的掌状复叶，小叶草质，椭圆状披针形或倒披针形，中央小叶盛大，最外侧的最小，基部锲形，狭延成小叶柄。总状花序长达40厘米以上，密被黏质腺毛；苞片单1，叶状，卵状长圆形，无柄或近无柄，基部多少心形；花蕾圆筒形，无毛；花梗被短腺毛，单生于苞片腋内；萼片长圆状椭圆形，顶端渐尖，外被腺毛；花瓣粉、玫红、白色，在芽中时覆瓦状排列，无毛，爪长5~12毫米，瓣片倒卵伏匙形，长10~15毫米，顶端圆形，基部渐狭。果圆柱形，两端稍钝，表面近平坦或徽呈念珠状，有细而密且不甚清晰的脉纹。种子直径约2毫米，表面近平滑或有小疣状突起，不具假种皮。花期7—10月，果期夏末秋初。

【景观应用】农田片植 / 条带种植 / 护坡种植 / 孤植

【其他用途】籽种采收，可作切花或盆栽，是一种优良的蜜源植物。

小丽花

【别　　名】小丽菊、小理花

【拉 丁 名】***Dahlia pinnata***

【科属地位】菊科大丽花属

【原 产 地】墨西哥

【形态特征】多年生草本，有巨大棒状块根，可作一年生草本栽培。茎直立，多分枝，高 1.5~2 米，粗壮。叶 1~3 回羽状全裂，上部叶有时不分裂，裂片卵形或长圆状卵形，下面灰绿色，两面无毛。头状花序大，有长花序梗，常下垂。总苞片外层约 5 个，卵状椭圆形，叶质，内层膜质，椭圆状披针形。舌状花 1 层，白色，红色，或紫色，常卵形，顶端有不明显的 3 齿，或全缘；管状花黄色，有时在栽培种全部为舌状花。瘦果长圆形，黑色，扁平，有 2 个不明显的齿。花期 6—12 月，果期 9—10 月。

【景观应用】农田片植 / 条带种植 / 孤植

【其他用途】籽种采收，可作切花或盆栽。

鸡冠花

【别　　名】鸡髻花、老来红、红鸡冠

【拉 丁 名】*Celosia cristata*

【科属地位】苋科青葙属

【原 产 地】热带亚洲

【形态特征】一年生草本，高 30~100 厘米，全体无毛；茎直立，有分枝，绿色或红色，具显明条纹。叶片卵形、卵状披针形或披针形，绿色常带红色，顶端急尖或渐尖。花多数，极密生，成扁平肉质鸡冠状、卷冠状或羽毛状的穗状花序，一个大花序下面有数个较小的分枝，圆锥状矩圆形，表面羽毛状；花被片红色、紫色、黄色、橙色或红色黄色相间。花果期 7—9 月。

【景观应用】农田片植 / 条带种植 / 孤植

【其他用途】籽种采收，可作切花或盆栽，花和种子可供药用。

银边翠

【别　　名】高山积雪、象牙白

【拉 丁 名】***Euphorbia marginata***

【科属地位】大戟科大戟属

【原 产 地】北美洲

【形态特征】一年生草本，株高60~100厘米。茎直立，自基部向上极多分枝，常无毛，有时被柔毛。叶互生，椭圆形，先端钝，具小尖头，基部平截状圆形，绿色，全缘；无柄或近无柄；总苞叶2~3枚，椭圆形，先端圆，基部渐狭。全缘，绿色具白色边；苞叶椭圆形，先端圆，基部渐狭，近无柄花序单生于苞叶内或数个聚伞状着生，密被柔毛；总苞钟状，外部被柔毛，边缘5裂，裂片三角形至圆形。蒴果近球状，果成熟时分裂为3个分果。种子圆柱状，淡黄色至灰褐色。花果期6—9月。

【景观应用】农田片植 / 条带种植 / 护坡种植 / 孤植

【其他用途】籽种采收，可作切花。

翠菊

【别　　名】江西腊、七月菊、格桑花

【拉 丁 名】***Callistephus chinensis***

【科属地位】菊科翠菊属

【原 产 地】东亚地区

【形态特征】一年生或二年生草本，高50~100 厘米。茎直立，单生，有纵棱，被白色糙毛，分枝斜升或不分枝。下部茎叶花期脱落或生存；中部茎叶卵形、菱状卵形或匙形或近圆形，顶端渐尖，基部截形、楔形或圆形，边缘有不规则的粗锯齿，两面被稀疏的短硬毛；上部的茎叶渐小，菱状披针形，长椭圆形或倒披针形，边缘有 1~2 个锯齿，或线形而全缘。头状花序单生于茎枝顶端，有长花序梗。总苞半球形；总苞片近等长，外层长椭圆状披针形或匙形，叶质，中层匙形，较短，内层苞片长椭圆形，半透明，顶端钝。在园艺栽培中可为单层或多层，红色、淡红色、蓝色、黄色或淡蓝紫色；两性花花冠黄色。瘦果长椭圆状倒披针形，稍扁，中部以上被柔毛。花果期 5—10 月。

【景观应用】农田片植 / 条带种植 / 孤植

【其他用途】籽种采收，可作切花或盆栽。

蛇目菊

【别　　名】小金鸡菊、金钱菊、孔雀菊、雪菊

【拉 丁 名】*Sanvitalia procumbens*

【科属地位】菊科蛇目菊属

【原 产 地】墨西哥

【形态特征】一年生草本，株高50~100厘米。茎平卧或斜升多少被毛；叶菱状卵形或长圆状卵形，全缘，少有具齿，两面被疏贴短毛。头状花序单生于茎、枝顶端；总苞片被毛，外层总苞片基部软骨质，上部草质；雌花黄色或橙黄色；两性花暗紫色，顶端5齿裂；托片膜质，长圆状披针形，麦秆黄色；瘦果三棱形至扁片状，暗褐色，边缘有狭翅。花果期7—9月。

【景观应用】农田片植 / 条带种植 / 护坡种植

【其他用途】籽种采收，花可作茶用，可作切花或盆栽。

孔雀草

【别　　名】小万寿菊、红黄草、西番菊、臭菊花

【拉 丁 名】***Tagetes patula***

【科属地位】菊科万寿菊属

【原 产 地】墨西哥

【形态特征】一年生草本，高 30~100 厘米，茎直立，通常近基部分枝，分枝斜开展。叶羽状分裂，裂片线状披针形，边缘有锯齿，齿端常有长细芒，齿的基部通常有 1 个腺体。头状花序单生，花序梗顶端稍增粗；总苞长椭圆形，上端具锐齿，有腺点；舌状花金黄色或橙色，带有红色斑；舌片近圆形，顶端微凹；管状花花冠黄色，与冠毛等长，具 5 齿裂。瘦果线形，基部缩小，黑色，被短柔毛，冠毛鳞片状。花期 7—10 月。

【景观应用】农田片植 / 条带种植 / 护坡种植

【其他用途】籽种采收。

麦秆菊

【别　　名】蜡菊、贝细工

【拉 丁 名】***Helichrysum bracteatum***

【科属地位】菊科蜡菊属

【原 产 地】澳大利亚

【形态特征】一年生草本高 60~120 厘米。茎直立，分枝直立或斜升。叶长披针形至线形，长达 12 厘米，光滑或粗糙，全缘，基部渐狭窄，上端尖，主脉明显。头状花序单生于枝端。总苞片外层短，覆瓦状排列，内层长，宽披针形，基部厚，顶端渐尖，干燥，呈膜质，有光泽，黄、白、红、紫色。小花多数；冠毛有近羽状糙毛。瘦果无毛。花期 7—9 月。

【景观应用】农田片植 / 条带种植 / 护坡种植 / 孤植

【其他用途】籽种采收，花可茶用，是天然干燥花，亦可作切花或盆栽。

◎ 球、宿根草本花卉

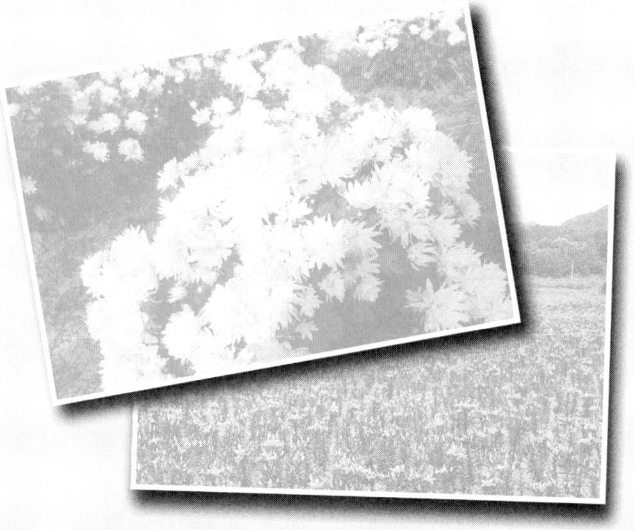

地被菊（类）

【别　　名】小菊、球菊、京菊

【拉 丁 名】***Dendranthema boreale***

【科属地位】菊科菊属

【原 产 地】中国

【形态特征】多年生草本，高 40~80 厘米。茎直立，多分枝，被柔毛。叶卵形至披针形，长 5~15 厘米，羽状浅裂或半裂，有短柄，叶下面被白色短柔毛。头状花序直径 2~5 厘米，大小不一。总苞片多层，外层外面被柔毛。园艺品种众多，舌状花颜色多样，有红、粉、紫、白、黄、橙等，管状花黄色。花期 9—10 月。

【景观应用】农田片植 / 条带种植 / 护坡种植 / 孤植

【其他用途】部分品种可作茶用或药用，亦可作切花或盆栽。

百合（类）

【别　　名】强瞿、番韭、山丹、倒仙

【拉 丁 名】***Lilium browhii var. viridulum***

【科属地位】百合科百合属

【原 产 地】东亚、欧洲及北美洲

【形态特征】多年生球根，鳞茎卵形或近球形；鳞片多数，肉质，卵形或披针形，无节或有节，白色，少有黄色。株高40~120厘米。茎圆柱形，具小乳头状突起或无，有的带紫色条纹。叶通常散生，较少轮生，披针形、矩圆状披针形、矩圆状倒披针形、椭圆形或条形，无柄或具短柄，全缘或边缘有小乳头状突起。花单生或排成总状花序，少有近伞形或伞房状排列；苞片叶状，但较小；花常有鲜艳色彩，有时有香气；花被片6，2轮，离生，常多少靠合而成喇叭形或钟形，较少强烈反卷，通常披针形或匙形，基部有蜜腺或无。蒴果矩圆形，室背开裂。种子多数，扁平，周围有翅。园艺品种众多，适合做景观应用的集中在亚洲百合、东方百合和喇叭百合等杂种系。露地花期6—8月。

【景观应用】农田片植 / 条带种植 / 护坡种植 / 设施种植 / 孤植

【其他用途】部分品种可食用或药用，可作切花或盆栽。

马蹄莲（类）

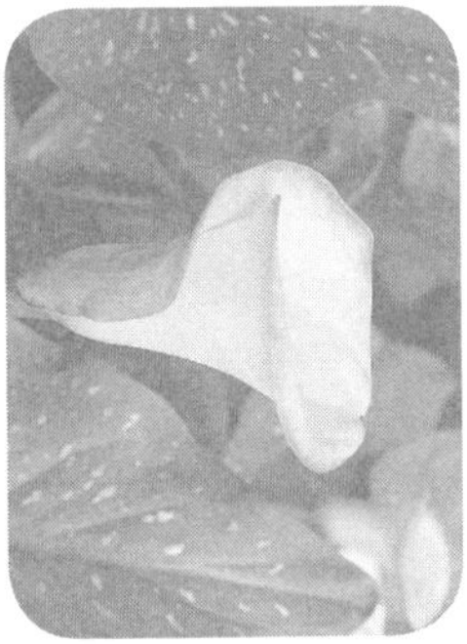

【别　　名】海芋、花芋、慈姑花、水芋

【拉 丁 名】*Zantedeschia aethiopica*

【科属地位】天南星科马蹄莲属

【原 产 地】非洲东北部及南部

【形态特征】多年生块茎草本，根茎粗厚，叶和花序同年抽出。株高 40~100 厘米。叶柄长，海绵质，有时下部被刚毛。叶片披针形、箭形、戟形、稀心状箭形；侧脉多数，伸至边缘。花序柄长，与叶等长或超过叶。佛焰苞绿白色、白色、黄绿色或硫黄色、稀玫瑰红色，有时内面基部紫红色；部宿存，短或长，喉部张开；檐部广展，先端后仰，骤尖。花单性，无花被。种子卵圆形，种脐稍凸起为小的种阜，种皮纵长具稍隆起的条纹，内种皮薄，光滑。露地花期 7—8 月。

【景观应用】条带种植 / 设施种植 / 孤植

【其他用途】可作切花或盆栽。

唐菖蒲

【别　　名】菖兰、剑兰唐、十样锦、十三太保

【拉 丁 名】*Gladiolus gandavensis*

【科属地位】鸢尾科唐菖蒲属

【原 产 地】南非

【形态特征】球根草本多年生草本。球茎扁圆球形，外包有棕色或黄棕色的膜质包被。叶基生或在花茎基部互生，剑形，基部鞘状，顶端渐尖，嵌迭状排成 2 列，灰绿色，有数条纵脉及 1 条明显而突出的中脉。花茎直立，不分枝，花茎下部生有数枚互生的叶；顶生穗状花序，每朵花下有苞片 2，膜质，黄绿色，卵形或宽披针形，中脉明显；无花梗；花在苞内单生，两侧对称，有红、黄、白或粉红等色；花被管基部弯曲，花被裂片 6，2 轮排列，内、外轮的花被裂片皆为卵圆形或椭圆形，上面 3 片略大，最上面的 1 片内花被裂片特别宽大，弯曲成盔状。蒴果椭圆形或倒卵形，成熟时室背开裂；种子扁而有翅。露地花期 7—9 月，果期 8—10 月。

【景观应用】农田片植 / 条带种植 / 设施种植 / 孤植

【其他用途】球茎可入药，可作切花或盆栽。

蛇鞭菊

【别　　名】麒麟菊、猫尾花

【拉 丁 名】***Liatris spicata***

【科属地位】菊科蛇鞭菊属

【原 产 地】美国东部

【形态特征】具地下块茎的多年生草本花卉植物，茎基部膨大呈扁球形，地上茎直立，株形锥状，株高 60~150 厘米。叶线形或披针形，由上至下逐渐变小，下部叶长约 17 厘米左右，宽约 1 厘米，平直或卷曲，上部叶 5 厘米左右，宽约 4 毫米，平直，斜向上伸展。花葶长 70~120 厘米，花序部分约占整个花葶长的 1/2。花序排列成密穗状，因多数小头状花序聚集成长穗状花序，呈鞭形而得名。花色分淡紫和纯白两种。花期 7—8 月。

【景观应用】农田片植 / 条带种植 / 护坡种植 / 孤植

【其他用途】籽种采收，可作切花或盆栽。

天蓝绣球

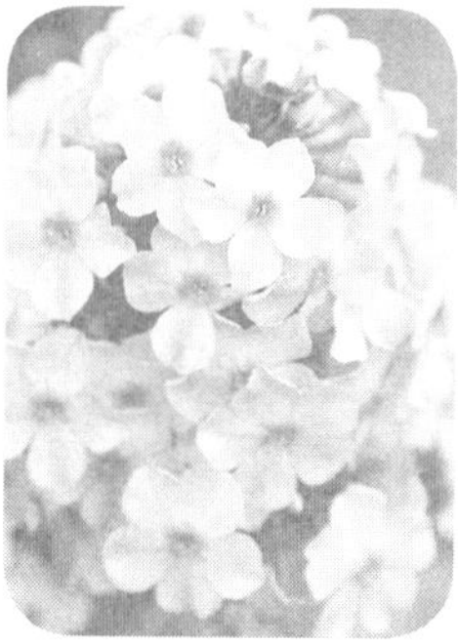

【别　　名】宿根福禄考、锥花福禄考、草夹竹桃

【拉 丁 名】*Phlox paniculata*

【科属地位】花荵科天蓝绣球属

【原 产 地】北美洲东部

【形态特征】多年生草本，茎直立，株高 60~100 厘米。单一或上部分枝，粗壮，无毛或上部散生柔毛。叶交互对生，有时 3 叶轮生，长圆形或卵状披针形，顶端渐尖，基部渐狭成楔形，全缘，两面疏生短柔毛；无叶柄或有短柄。多花密集成顶生伞房状圆锥花序，花梗和花萼近等长；花萼筒状，萼裂片钻状，比萼管短，被微柔毛或腺毛；花冠高脚碟状，淡红、红、白、紫等色，花冠筒长达 3 厘米，有柔毛，裂片倒卵形，圆，全缘，比花冠管短，平展；雄蕊与花柱和花冠等长或稍长。蒴果卵形，稍长于萼管，3 瓣裂，有多数种子。种子卵球形，黑色或褐色，有粗糙皱纹。

【景观应用】农田片植 / 条带种植 / 护坡种植 / 孤植

【其他用途】可作切花或盆栽。

八宝景天

【别　　名】八宝、大叶景天、华丽景天，长药八宝

【拉 丁 名】***Hylotelephium erythrostictum***

【科属地位】景天科八宝属

【原 产 地】亚洲东部

【形态特征】多年生草本。块根胡萝卜状。茎直立，株高 30~70 厘米，不分枝。叶对生，少有互生或 3 叶轮生，长圆形至卵状长圆形，先端急尖，钝，基部渐狭，边缘有疏锯齿，无柄。伞房状花序顶生；花密生，花梗稍短或同长；萼片 5，卵形；花瓣 5，白色或粉红色，宽披针形，渐尖。花期 8—10 月。

【景观应用】农田片植 / 条带种植 / 护坡种植 / 孤植

【其他用途】全草药用，可作切花或盆栽。

黑心金光菊

【别　　名】黑心菊、黑眼菊

【拉 丁 名】***Rudbeckia hirta***

【科属地位】菊科金光菊属

【原 产 地】北美

【形态特征】多年生草本。株高30~100厘米。茎不分枝或上部分枝，全株被粗刺毛。下部叶长卵圆形，长圆形或匙形，顶端尖或渐尖，基部楔状下延，有三出脉，边缘有细锯齿，有具翅的柄；上部叶长圆披针形，顶端渐尖，边缘有细至粗疏锯齿或全缘，无柄或具短柄，两面被白色密刺毛。头状花序径，有长花序梗。总苞片外层长圆形；内层较短，披针状线形，顶端钝，全部被白色刺毛。花托圆锥形；托片线形，对折呈龙骨瓣状，边缘有纤毛。舌状花鲜黄色；舌片长圆形，通常10~14个，顶端有2~3个不整齐短齿。管状花暗褐色或暗紫色。瘦果四棱形，黑褐色，无冠毛。花期7—10月。

【景观应用】农田片植 / 条带种植 / 护坡种植 / 孤植

【其他用途】籽种采收，可作切花或盆栽。

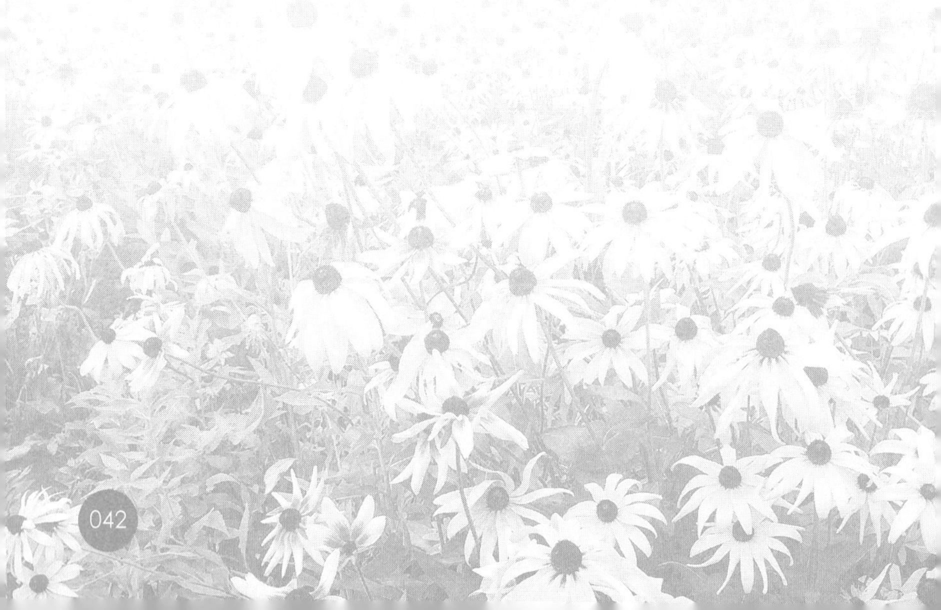

松果菊

【别　　名】紫锥花、紫锥菊

【拉 丁 名】*Echinacea purpurea*

【科属地位】菊科紫锥花属

【原 产 地】北美

【形态特征】多年生草本，株高 60~150 厘米，具纤维状根，全株具粗硬毛，茎直立。基生叶端渐尖，基部阔楔形并下延与叶柄相连，边缘具疏浅锯齿；茎生叶柄基部略抱茎。头状花序单生或几朵聚生枝顶；苞片革质，端尖刺状；舌状花瓣宽，下垂，粉色、玫红色、白色；管状花橙黄色，突出呈球形，质地坚硬。花期 6—8 月。

【景观应用】农田片植 / 条带种植 / 护坡种植 / 孤植

【其他用途】籽种采收，头状花序可制干花，亦可作切花或盆栽。

赛菊芋

【别　　名】日光菊

【拉 丁 名】***Heliopsis helianthoides***

【科属地位】菊科赛菊芋属

【原 产 地】北美洲

【形态特征】多年生草本，株高 60~150 厘米。茎直立，多分枝；叶对生，长卵圆形或卵状披针形，具柄，主脉 3 条，边有粗齿。头状花序集生成伞房状，花径 5~7cm，舌状花阔线形，鲜黄色，总苞片 2~3 列；舌状花黄色，雌性，1 列，结实或不孕，宿存于果上；盘花两性，结实，一部为花序的托片所包藏；瘦果无冠毛或有具齿的边缘。花期 6—9 月。

【景观应用】农田片植 / 条带种植 / 护坡种植

【其他用途】籽种采收，可作切花或盆栽。

荆芥

【别　　名】猫薄荷、香水薄荷、小薄荷

【拉 丁 名】***Nepeta cataria***

【科属地位】唇形科荆芥属

【原 产 地】中南欧至亚洲

【形态特征】多年生植物，株高 40~150 厘米。茎坚强，多分枝，基部近四棱形，上部钝四棱形，具浅槽，被白色短柔毛。叶卵状至三角状心脏形，先端钝至锐尖，基部心形至截形，边缘具粗圆齿或牙齿，草质，上面黄绿色，被极短硬毛，下面略发白，被短柔毛但在脉上较密，侧脉 3~4 对；叶柄细弱。花序为聚伞状，下部的腋生，上部的组成连续或间断的、较疏松或极密集的顶生分枝圆锥花序，聚伞花序呈二歧状分枝；苞叶叶状，或上部的变小而呈披针状，苞片、小苞片钻形，细小。花萼花时管状，外被白色短柔毛，内面仅萼齿被疏硬毛，齿锥形，长 1.5~2 毫米，后齿较长，花后花萼增大成瓮状，纵肋十分清晰。花冠白色至紫色，下唇有深色紫点，外被柔毛。小坚果卵形，几三棱状，灰褐色。花期 7—9 月，果期 9—10 月。

【景观应用】农田片植 / 条带种植 / 护坡种植 / 孤植

【其他用途】籽种采收，宠物玩具填充，亦可作切花或盆栽。

千屈菜

【别　　名】水枝柳、水柳、对叶莲

【拉 丁 名】*Lythrum salicaria*

【科属地位】千屈菜科千屈菜属

【原 产 地】欧亚大陆、北非、北美洲、澳洲东南部

【形态特征】多年生草本，株高 40~150 厘米。根茎横卧于地下，粗壮；茎直立，多分枝，全株青绿色，略被粗毛或密被绒毛，枝通常具 4 棱。叶对生或三叶轮生，披针形或阔披针形，顶端钝形或短尖，基部圆形或心形，有时略抱茎，全缘，无柄。花组成小聚伞花序，簇生，因花梗及总梗极短，因此花枝全形似一大型穗状花序；苞片阔披针形至三角状卵形；萼筒有纵棱 12 条，稍被粗毛，裂片 6，三角形；花瓣 6，红紫色或淡紫色，倒披针状长椭圆形，基部楔形，着生于萼筒上部，有短爪，稍皱缩。蒴果扁圆形。花果期 6—8 月。

【景观应用】农田片植 / 条带种植 / 护坡种植 / 湿地种植 / 孤植

【其他用途】籽种采收，全草入药，亦可作切花或盆栽。

芒

【别　　名】拉手笼

【拉 丁 名】***Miscanthus sinensis***

【科属地位】禾本科芒属

【原 产 地】中国、朝鲜及日本

【形态特征】多年生草本。秆高 1~2 米，无毛或在花序以下疏生柔毛。叶鞘无毛，长于其节间；叶舌膜质，顶端及其后面具纤毛；叶片线形，下面疏生柔毛及被白粉，边缘粗糙。圆锥花序直立，主轴无毛，延伸至花序的中部以下，节与分枝腋间具柔毛；分枝较粗硬，直立，不再分枝或基部分枝具第二次分枝；小枝节间三棱形，边缘微粗糙；小穗披针形，黄色有光泽，基盘具等长于小穗的白色或淡黄色的丝状毛；第一颖顶具 3~4 脉，边脉上部粗糙，顶端渐尖，背部无毛；第二颖常具 1 脉，粗糙，上部内折之边缘具纤毛；第一外稃长圆形，膜质，边缘具纤毛；第二外稃明显短于第一外稃，先端 2 裂，裂片间具 1 芒，棕色，膝曲，芒柱稍扭曲。颖果长圆形，暗紫色。花果期 7—12 月。

【景观应用】农田片植 / 条带种植 / 护坡种植 / 湿地种植 / 孤植

【其他用途】秆纤维用途较广，作造纸原料等，亦可做干花。

狼尾草

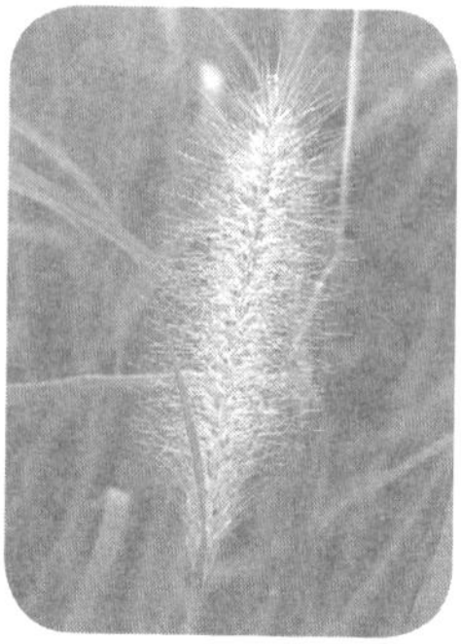

【别　　名】狗仔尾、狼尾巴莛

【拉 丁 名】***Pennisetum alopecuroides***

【科属地位】禾本科狼尾草属

【原 产 地】中国中部及东部

【形态特征】多年生草本。须根较粗壮。秆直立，丛生，高 30~120 厘米，在花序下密生柔毛。叶鞘光滑，两侧压扁，主脉呈脊，在基部者跨生状，秆上部者长于节间；叶舌具纤毛；叶片线形，长 10~80 厘米，先端长渐尖，基部生疣毛。圆锥花序直立，长 5~25 厘米；主轴密生柔毛；刚毛粗糙，淡绿色或紫色；小穗通常单生，偶有双生，线状披针形；第一颖微小或缺，先端钝，脉不明显或具 1 脉；第二颖卵状披针形，先端短尖，具 3~5 脉；第一小花中性，第一外稃与小穗等长，具 7~11 脉；第二外稃与小穗等长，披针形，具 5~7 脉，边缘包着同质的内稃；鳞被 2，楔形。花果期夏秋季。

【景观应用】农田片植 / 条带种植 / 护坡种植 / 孤植

【其他用途】可作饲料，也是编织或造纸的原料，也常作为土法打油的油杷子，也可作固堤防沙植物，亦可作切花或盆栽。

芦竹

【别　　名】旱地芦苇、芦竹笋、荻芦竹、江苇

【拉 丁 名】*Arundo donax*

【科属地位】禾本科芦竹属

【原 产 地】亚洲、非洲、大洋洲热带地区广布

【形态特征】多年生，具发达根状茎。秆粗大直立，高 3~6 米，坚韧，具多数节，常生分枝。叶鞘长于节间，无毛或颈部具长柔毛；叶舌截平，先端具短纤毛；叶片扁平，长 30~50 厘米，上面与边缘微粗糙，基部白色，抱茎。圆锥花序极大型，长 30~60 厘米，分枝稠密，斜升；外稃中脉延伸成 1~2 毫米之短芒，背面中部以下密生长柔毛，两侧上部具短柔毛，第一外稃长约 1 厘米；内稃长约为外稃之半；花果期 9—12 月。

【景观应用】农田片植 / 条带种植 / 护坡种植 / 湿地种植 / 孤植

【其他用途】秆为制管乐器中的簧片。茎纤维长，长宽比值大，纤维素含量高，是制优质纸浆和人造丝的原料。也是牲畜的良好青饲料。

◎ 木本花卉

玫瑰

【别　　名】红花玫、香水玫瑰、食用玫瑰

【拉 丁 名】*Rosa rugosa*

【科属地位】蔷薇科蔷薇属

【原 产 地】亚洲东部

【形态特征】直立灌木，高可达 2 米；茎粗壮，丛生；小枝密被绒毛，并有针刺和腺毛，有直立或弯曲、淡黄色的皮刺，皮刺外被绒毛。小叶 5~9，小叶片椭圆形或椭圆状倒卵形，先端急尖或圆钝，基部圆形或宽楔形，边缘有尖锐锯齿，上面深绿色，无毛，叶脉下陷，有褶皱，下面灰绿色，中脉突起，网脉明显，密被绒毛和腺毛，有时腺毛不明显；叶柄和叶轴密被绒毛和腺毛；托叶大部贴生于叶柄，离生部分卵形，边缘有带腺锯齿，下面被绒毛。花单生于叶腋，或数朵簇生，苞片卵形，边缘有腺毛，外被绒毛；花梗密被绒毛和腺毛；花直径 4~5.5 厘米；萼片卵状披针形，先端尾状渐尖，常有羽状裂片而扩展成叶状，上面有稀疏柔毛，下面密被柔毛和腺毛；花瓣倒卵形，重瓣至半重瓣，芳香，紫红色至白色。果扁球形，砖红色，肉质，平滑，萼片宿存。花期 5—6 月，果期 8—9 月。

【景观应用】农田片植 / 条带种植 / 护坡种植 / 孤植

【其他用途】鲜花可以提炼精油，供食用及化妆品用，花瓣可以制饼馅、玫瑰酒、玫瑰糖浆，干制后可以泡茶，花蕾可入药。

月季

【别　　名】月月红、月月花、长春花、四季花

【拉 丁 名】***Rosa chinensis***

【科属地位】蔷薇科蔷薇属

【原 产 地】中国

【形态特征】直立灌木，高 1~2 米；小枝粗壮，圆柱形，近无毛，有短粗的钩状皮刺或无刺。小叶 3~5，稀 7，小叶片宽卵形至卵状长圆形，先端长渐尖或渐尖，基部近圆形或宽楔形，边缘有锐锯齿，两面近无毛，上面暗绿色，常带光泽，下面颜色较浅，顶生小叶片有柄，侧生小叶片近无柄，总叶柄较长；托叶大部贴生于叶柄，仅顶端分离部分成耳状，边缘常有腺毛。花朵集生，稀单生，直径 4~5 厘米；萼片卵形，先端尾状渐尖，有时呈叶状，边缘常有羽状裂片，稀全缘，外面无毛，内面密被长柔毛；园艺品种众多，花瓣重瓣至半重瓣，红色、粉红色至白色，倒卵形，先端有凹缺，基部楔形。果卵球形或梨形，红色，萼片脱落。花期 4—9 月，果期 6—11 月。

【景观应用】农田片植 / 条带种植 / 护坡种植 / 孤植

【其他用途】花、根、叶均入药，花含挥发油，是著名的切花和盆栽观赏植物。

牡丹

【别　　名】百雨金、洛阳花、富贵花、木芍药

【拉 丁 名】***Paeonia suffruticosa***

【科属地位】毛茛科芍药属

【原 产 地】中国

【形态特征】落叶灌木。茎高达 2 米；分枝短而粗。叶通常为 2 回 3 出复叶，偶尔近枝顶的叶为 3 小叶；顶生小叶宽卵形，3 裂至中部，裂片不裂或 2~3 浅裂，表面绿色，无毛，背面淡绿色，有时具白粉，沿叶脉疏生短柔毛或近无毛；侧生小叶狭卵形或长圆状卵形；叶柄和叶轴均无毛。花单生枝顶，直径 10~17 厘米；苞片 5，长椭圆形，大小不等；萼片 5，绿色，宽卵形，大小不等；花瓣 5，或为重瓣，玫瑰色、红紫色、粉红色至白色，通常变异很大，倒卵形，顶端呈不规则的波状。蓇葖长圆形，密生黄褐色硬毛。花期 5 月；果期 6 月。

【景观应用】农田片植 / 条带种植 / 护坡种植 / 孤植

【其他用途】根皮供药用，称“丹皮”，油用种类种子可榨油。

薰衣草

【别　　名】灵香草、拉文德

【拉 丁 名】***Lavandula angustifolia***

【科属地位】唇形科薰衣草属

【原 产 地】地中海沿岸

【形态特征】亚灌木或矮灌木，多分枝，株高50~120厘米。老枝灰褐色或暗褐色，皮层作条状剥落，具有长的花枝及短的更新枝。叶线形或披针状线形，在花枝上的叶较大，疏离，被密或疏灰色星状绒毛，干时灰白色或橄绿色，在更新枝上的叶小，簇生，密被灰白色星状绒毛，干时灰白色，均先端钝，基部渐狭成极短柄，全缘，边缘外卷，中脉在下面隆起，侧脉及网脉不明显。轮伞花序通常具6~10花，多数，在枝顶聚集成间断或近连续的穗状花序，花序梗长约为花序本身3倍；苞片菱状卵圆形，先端渐尖成钻状，小苞片不明显；花具短梗，蓝色，密被灰色、分枝或不分枝绒毛。花萼卵状管形或近管形，内面近无毛，二唇形，上唇1齿较宽而长，下唇具4短齿，齿相等而明显。花冠长约为花萼的2倍，具13条脉纹，外面被与花萼同一毛被，但基部近无毛，内面在喉部及冠檐部分被腺状毛，中部具毛环，冠檐二唇形，上唇直伸，2裂，裂片较大，圆形，且彼此稍重叠，下唇开展，3裂，裂片较小。小坚果4，光滑。花期6—7月，9月。

【景观应用】农田片植 / 条带种植 / 孤植

【其他用途】可作香料，食用或茶用，花中含芳香油，可提炼精油，是调制化妆品、皂用香精的重要原料，是优良的蜜源植物，亦可作切花、盆栽、干花。

第三章

京郊沟域主栽花卉景观栽培技术

◎ 蓝花鼠尾草栽培技术

蓝花鼠尾草（*Salvia farinacea*）原产北美洲南部，属唇形科鼠尾草属多年生植物，北京地区常作一年生花卉栽培。该作物花期长，花色艳丽，花型与薰衣草极为相似，深受北京各景观园区青睐。

特征特性

蓝花鼠尾草植株呈丛生状；茎为四棱状，下部略木质化，呈亚灌木状；叶对生，为长椭圆形，长 3~5 厘米，具长穗状花序，花量大，其主要用于景观美化。

蓝花鼠尾草喜温暖、湿润和阳光充足的环境，耐寒性强，怕炎热、干燥，宜在疏松、肥沃且排水良好的沙壤土中生长。花期长，可从从 6 月中旬持续到 10 月中旬。

栽培管理

1　选地整地

种植地应选择土壤通气透水，无遮挡物，阳光可直射的地块，地势不宜低洼，土质不宜过于黏重，地力适中不宜过肥。过阴、地力过肥、窝风环境都会造成徒长而开花不良。种植地一般在当年春季土壤解冻后（北京山区 5 月上旬）整地，土地的整理方式与普通农作物种植的整理方法一样，每亩施腐熟的有机肥（如鸡粪、牛粪等）3~5 立方米。均匀撒施后用旋耕机旋耕，深度约 25~30 厘米，使有机肥与土充分混合，做到深、平、细、均，防止大土块出现。

2 繁殖方法

蓝花鼠尾草多采用穴盘育苗，育苗时间为计划定植期前 60 天左右。种子每克 920 粒左右，一般选择 200 孔穴盘进行播种，育苗介质一般选择经过消毒的草炭土掺入 1/3 左右的蛭石。播种后，需覆盖一层 3~5 毫米的蛭石，然后用薄膜覆盖，发芽适温为 20~23℃，发芽天数为 5~8 天。保持育苗介质的湿润非常重要，且需要一定的光照。出苗后逐渐撤掉薄膜。子叶展开后，去除薄膜，增加喷水次数，保持适当湿度，防止过湿。真叶生出两对后，降低湿度，温度降低至 18℃左右，给予一定直射光，防止幼苗徒长，可适当施用氮磷钾比例为 20~10~20 的水溶肥。定期用 72.2% 普力克水剂 600 倍水液进行喷洒，防猝倒病，连续喷施 2~3 次。4 对真叶后开始炼苗，注意控制水分，加强通风，为移栽做好准备，穴盘苗不建议直接下地，因为直接下地初期长速慢，死亡率高。一般移栽到 9~12 厘米的营养钵生长 1 个月后，再定植到种植场所，效果最佳。移栽定植前停水 3 天以防散坨。

3 定植

北京山区种植为了前期保墒和抑制杂草有条件可采用覆膜栽培，密度设置与不覆膜一样。栽植深度视环境来定，干旱缺水地区定植稍深，一般将基部 1~2 节埋入土中为宜，水分条件好的地块可适当浅植。定植后应镇压压实，立即浇一次透水。注意蓝花鼠尾草连作障碍较明显，要进行土地轮作，连作地种植前土壤要消毒，并定期监测土壤肥力水平，一般要求每两年检测一次。根据检测结果，有针对性地采取土壤改良措施。北京山区移栽定植蓝花鼠尾草一般在 5 月中下旬至 6 月上旬为宜，可有效避免霜冻。为景观需求和日后田间管理，多采用宽窄垄方式定植，大垄 60 厘米，小垄 40 厘米，株距 40 厘米，常用平畦定植，排水不利的低洼地块应打 15 厘米左右的小高畦。

4 田间管理

蓝花鼠尾草前期长势不如本地杂草，因此生长前期需要进行2~3次中耕除草。中耕不宜过深，第1次在定植后10~15天；第2次在7月下旬；第3次在8月下旬。此外每次大雨后，为防土壤板结，可适当进行浅中耕。蓝花鼠尾草前期生长顶端优势较显著，有条件可适时摘心，不仅可抑制植株徒长，还可使主茎粗壮，减少倒伏，增加分枝，提高花量。生长期间通常摘2次心，选晴天进行。第1次是6月上中旬（即定植后20天左右）留5~6片叶打顶；第2次在7月上旬，植株抽出3~4个30厘米长的新枝时，每新枝留5~6片叶摘心。蓝花鼠尾草较耐土壤贫瘠和干旱，管理可相对粗放，一般定植后灌1次透水，可平稳进入雨季。若遇干旱季节视情况浇水1~2次，遇雨季多也要注意及时清沟排水，以防积水烂根。肥基本不用单施，现蕾期结合打药喷施3次磷酸二氢钾叶面肥即可。

5 病虫害防治

定植后蓝花鼠尾草病虫害发生相对较少，为保持良好景观效果可定期喷药预防病虫害，常见病害有叶斑病、叶枯病、白粉病等，应重点在苗期最好植保工作，杜绝带病带菌苗下地，定植后可视情况进行预防性药剂喷施，可使用多菌灵、异菌脲、甲基托布津、代森锰锌、百菌清等药剂轮用防治。主要虫害一是蚜虫，可选用吡虫啉等药剂喷杀；二是菜青虫、棉铃虫等鳞翅目害虫：可选用甲维盐、菊酯类药剂喷杀；三是红蜘蛛可选用克螨特等药剂防治。注意喷施杀菌剂或杀虫剂喷施不要选择晴天中午高温时段喷施，应选择早晨或傍晚喷施。

◎ 柳叶马鞭草栽培技术

柳叶马鞭（*Verbena bonariensis*），原产于南美洲（巴西、阿根廷等地），属马鞭草科马鞭草属多年生植物。目前我国各地有栽培，是北京常见的景观作物。

特征特性

柳叶马鞭草植株直立丛生，高约 60~150 厘米，全株有灰色柔毛。茎正方形，叶片苗期为椭圆形，边缘有裂刻，丛生于茎基部。花茎抽高后的叶转为披针形，如柳叶状（因此得名柳叶马鞭草），叶片十字对生。花为聚伞花序，小筒状花着生于花茎顶部，花色淡紫色，清香高雅。在野地里会与一些同属花为穗状的马鞭草科植物杂交，产生一些花序介于聚伞与穗状的中间型态植株出现。蒴果。花期 7—9 月，盛花期可持续 2.5~3 个月。果期 9—10 月。

柳叶马鞭草为长日照喜温花卉。生长适温为 20~30℃，不耐寒，10℃以下生长迟缓。其属阳性花卉，在全日照环境下生长为佳，日照不足会生长不良。土壤要求不严格，以排水良好肥沃的沙壤土最为适宜，较耐旱，需水量中等。

栽培管理

1 选地整地

宜选地势高燥、阳光充足的林缘耕地或地势平坦的台地种植。土壤以疏松、肥沃且排水良好的沙质壤土为宜。整地应在 3 月下旬至 4 月中旬，每亩施有机堆肥 2 000 千克作基肥，进行翻耕做畦。一般林缘种植半坡台地多为平畦，畦宽 1.2 米，长度不限，以浇水好操作为准；沟底平台地宜选用高畦栽培，畦宽 60 厘米，沟宽 40 厘米，长度因地势而异，以方便排灌为宜。

2 繁殖方法

柳叶马鞭草繁殖方法有很多种。常用的方法为播种法、扦插法及切根，以播种繁殖最为常用。播种到开花需要的时间为 4~5 个月。种子每克约为 4 000 粒，发芽率为 85%，播种发芽适温为 20~25℃，春季播种 1—5 月种为好，开花观赏时间最长。播后 10~15 天发芽，整个穴盘育苗周期为 40~45 天。育苗方式：通常采用 200 孔穴盘育苗，便于移栽定植，介质采用进口 3/4 草炭土与 1/4 蚯蚓粪充分混匀份确保苗壮整齐快速。播后 45 天，真叶达到 2~3 对，根系成团，方可移栽。不用修剪，自然分枝能力强。扦插繁殖，一般在春、夏两季为适期，以顶芽插为佳，扦插极容易发根，扦插后约 4 周即可成苗。切根繁殖主要用于植株冬季休眠后，春季对母本根系进行切割分株进行栽植。

3 定植

根据土地质地确定定植密度。沙土地由于不保水保肥，植株生长瘦小因此可以密度大些，墒情好的密度小些，一般密度为 4 000~4 500 株 / 亩。定植前要确保土壤条件良好，一般需要浇水、除草、施肥、翻耕、耙平等准备工作，保证 20 厘米土层保持湿润状态，定植后及时浇透水。

4 田间管理

柳叶马鞭草缓苗后，以锄地松土除草为主。第一次、第二次要浅松，使表土干松。地下稍湿润，使根向下扎，并控制水肥，使地上部生长缓慢，进行“蹲苗”。第三次中耕时要深松，结合锄草进行松土，并适当进行根际培土，保护植株不倒伏。多雨季节要注意雨后及时松土，防止表土板结而影响植株的生长。柳叶马鞭草根系较发达，根部入土较深，细根多，吸肥力强，需肥量较大。一般施两次肥。第一次施肥在定植 7~10 天后，每亩施硫酸铵 10 千克或尿素 8 千克，结合培土；第二次施肥在分蘖期每亩施硫酸铵

15 千克或尿素 12 千克，第三次施肥在花蕾将形成时每亩施用保利丰（15 ∶ 15 ∶ 30）6 千克，并结合喷药喷施叶面肥（磷酸二氢钾千分之二）2~3 次促使抽生花梗多而挺拔、花序大，花色艳丽。柳叶马鞭属耐旱植物，怕涝，春季要少浇水以防止幼苗徒长，保证成活为度。6 月下旬以后如连续天旱，要进行适当浇水，养护过程中间干间湿，不可过湿。如雨量过多，应疏通大小排水沟，切勿有积水，否则易生病害和烂根。

5　病虫害防治

根据近些年的种植结果来看，未发现有较为严重的病虫害发生，偶尔有鳞翅目害虫咬噬，可用 1000 倍高效氯氰菊酯喷施；遇长时间的大量积水有根腐病发生，只要及时排水、松土就可以避免。

采收

柳叶马鞭草正常情况下是窄叶的，由于其是蜜源植物，常与同属的巴西马鞭草杂交，杂交后种子长成的植株叶片较宽，开花时花序介于聚伞和穗状中间型态，花期短，花色暗，基本没有观赏价值。该型态的种子育苗期间不能区分宽叶窄叶，只有定植抽出主茎后，从主茎上分枝长出的叶片上才能区分宽叶和窄叶，所以种子繁殖的柳叶马鞭草选留良种要及时进行田间去杂，必须在定植后 1 个月左右进行。去杂后选择花色正，生长健壮，分蘖多抽生花梗多的植株留种。还可以选择性状良好的植株采用插繁殖剔除宽叶马鞭草，以保证系统纯正。 采收种子一般在花序变褐色时整个采下，经过晾晒、揉捻、簸筛后储存。

◎ 百日草栽培技术

百日草（*Zinnia elegans*），原产墨西哥，属菊科寿百日草属植物，是北京地区常用的花海景观作物材料。其观赏期长，花色鲜艳缤纷，种植成本较低，近年来很受园区业主和游客的青睐。百日草园艺品种众多，目前北京市主栽的品种多集中在中杆复瓣型和大丽花型两个品系。普遍种植的品种株高在90~120cm，花量大，株型饱满，持续花期长，北京山区花期可从6月下旬持续到9月下旬。

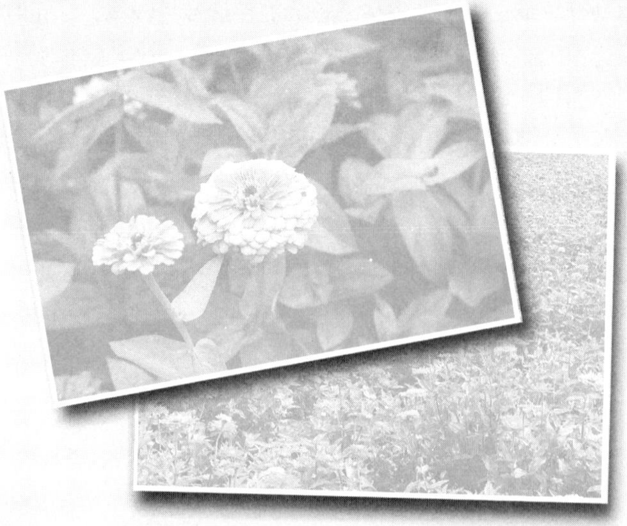

特征特性

百日草一年生草本植物。茎直立，高 30~100 厘米，叶宽卵圆形或长圆状椭圆形，头状花序径 5~6.5 厘米，单生枝端，舌状花深红色、玫瑰色、紫堇色或白色，雌花瘦果倒卵圆形，管状花瘦果倒卵状楔形。花期 6—10 月，果期 7—10 月。

喜温暖、不耐寒、喜阳光、怕酷暑、性强健、耐干旱、耐瘠薄、忌连作。根深茎硬不易倒伏。宜在肥沃深土层土壤中生长。生长期适温 15~30℃，适合北方栽培。

栽培管理

1 选地整理

百日草露地种植应选择无遮挡物、阳光直射、地力适中、排水通风良好的地块，荫闭、窝风环境会造成植株长势不良，难以开花等情况，影响景观效果。土地整理一般在当年春季土壤解冻后（北京山区 5 月上旬）整地，土地的整理与普通农作物种植的整理方法一样，每亩施腐熟的有机肥（如鸡粪、牛粪等）3~5 立方米及复合肥 50 千克，均匀撒在地块中。用旋耕机旋耕，深度约 25~30 厘米，使有机肥与土充分混合，做到深、平、细、均，防止大土块出现。

2 繁殖

百日草以种子繁殖为主，也能扦插繁殖。种子繁殖宜春播，一般在 4 月中下旬进行，发芽适温为 15~20℃。它的种子具嫌光性，播种后应覆土、浇水、保湿，约 1 周后发芽出苗。发芽率一般在 60% 左右。扦插繁殖在小满至夏至期间，结合摘心、修剪，选择健壮枝条，剪取 10~15 厘米长的一段嫩枝作插穗，去掉下部叶片，留上部的两枚叶片，插入细河沙中，经常喷水，适当遮阴，约 2 周后即可生根。

3 定植

北京地区露地种植百日草直播和育苗移栽均可。直播可从 5 月上旬持续到 8 月中旬，以人工开沟条播为主，做采用行距 50 厘米直播，每亩下种量 1.5~1.8 千克为宜。随着北京景观作物栽培技术水平和景观效果要求的提升，目前百日草种植已经逐步开始向育苗移栽方向发展，与直播相比，百日草育苗移栽可实现花期提早 1 个月左右，多集中在 3 月底至 4 月初开始育苗，在 5 月中旬至 6 月中旬移栽，可有效避免霜冻，苗龄 40 天左右。定植多采用两密一稀方式种植，大垄距 100 厘米，小垄距 50 厘米，株距控制在 35~40 厘米，北京地区基本已经可以实现机械化定植，采用改良式烟草移栽机，作业时 1 个拖拉机手 3 个种植人员和一个扶苗补苗人员组成一个作业组进行定植作业。移栽机设置行距 50 厘米，栽植深度 12~15cm 为宜，提前灌好水箱随栽做底水。定植后，扶苗补苗人员应及时对栽歪、压折、缺苗等情况进行处理，并对苗周未充分压实土壤进行镇压。

4 田间管理

百日草生长较旺盛，生长前期需要进行 1~2 次中耕除草即可。中耕不宜过深，第 1 次在定植后 15~25 天；第 2 次在 7 月上旬。为了促进百日草多开花，延长花期，应在顶花现蕾时进行摘心。百日草耐土壤贫瘠和干旱，管理相对粗放，但忌水涝，雨季要注意排涝。进入现蕾期可结合打药喷追施 2~3 次 500 倍磷酸二氢钾叶面肥。一般定植时灌 1 次透水，可平稳进入雨季，如遇特别干旱季节应及时浇水。

5 病虫害防治

百日草病虫害较少，应以预防为主，综合防治。育苗前应注意对土壤进行消毒处理，苗期应进行 2~3 次抗菌剂喷施，可使用代森锰锌、甲基托布津、百菌清等抗菌剂。定植后应在缓苗摘心后开始进行常规打药工作，以代森锰锌、甲基托布津、百菌清等常规杀菌剂为主，同时配合打药进行磷酸二氢钾叶面肥追施。生长前期应注意对蚜虫的控制，防治其传播病毒病，以喷施吡虫啉为主。

采收

百日草常规种子可以留种采收，注意的是一片地里种植的不同品种容易传粉混杂，视其种植目的可分开隔离区种植。采收时采最早开花的花头，其种子比较饱满。一般都等霜后花头变色，种子黑褐时整个花苞采下，晾晒、揉捻、筛簸、储存。

◎ 色素万寿菊栽培技术

色素万寿菊（*Tagetes erecta* L.），属菊科万寿菊属植物，原产墨西哥，中国各地有栽培。其观赏期长，景观效果佳。同时色素万寿菊是提取天然叶黄素的理想材料，广泛用于食品加工、医疗等领域，是一种具有采后加工和产品深加工的花卉作物。

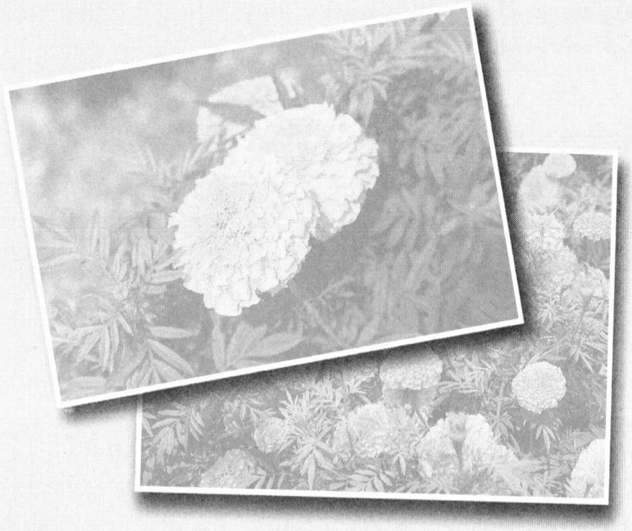

特征特性

色素万寿菊一年生草本，喜温暖，向阳，但稍能耐早霜，耐半阴，抗性强，对土壤要求不严，耐移植，生长迅速，栽培容易。株高 90~150 厘米。茎直立，粗壮，具纵细条棱，叶羽状分裂，分枝向上平展，全株具腺毛，花朵较单纯观赏用品系大，直径可达 12 厘米。花期长，北京山区花期可从 7 月上旬持续到 10 月上旬，是近年京郊景观农业建设中表现优良的景观花卉作物。

栽培管理

1　选地整地

色素万寿菊种植地应选择土壤通气透水，无遮挡物，阳光直射，地势不宜低洼，地力适中的地块，另外，应保证种植地通风透气性良好。过荫、地力过肥、窝风环境都会造成徒长倒伏或发生病害，影响产量和景观效果。土地整理一般在当年春季土壤解冻后（北京山区 5 月上旬）整地，土地的整理与普通农作物种植的整理方法一样，每亩施腐熟的有机肥（如鸡粪、牛粪等）3~5 立方米及复合肥 50 千克，均匀撒在地块中。用旋耕机在撒完有机肥的土地上旋耕一遍，深度约 25~30 厘米，使有机肥与土充分混合，做到

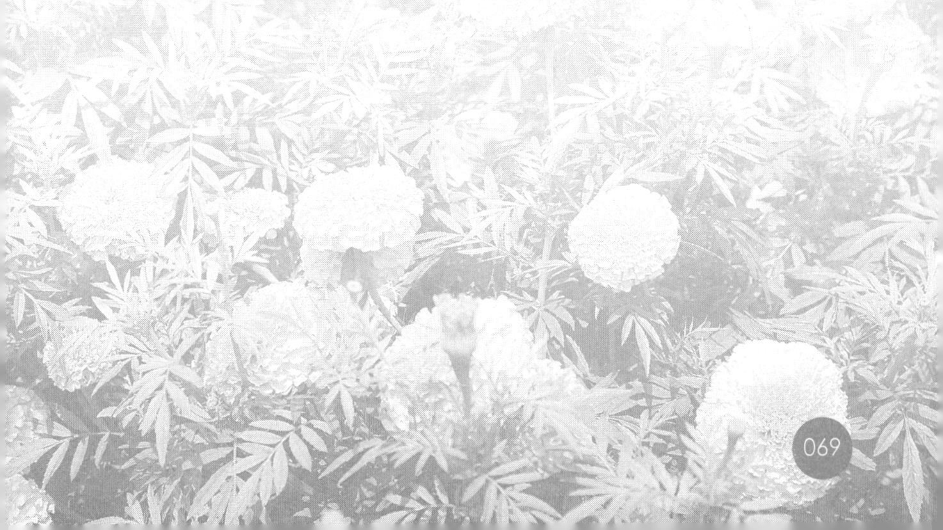

深、平、细、均，防止大土块出现。

2 繁育

色素万寿菊生命力极强，长势旺盛，北京地区多采用机械化移栽裸根苗的方式栽培，因此色素万寿菊多采用苗床育苗。北京山区多集中在 3 月底至 4 月初进行，提前一个月左右扣膜，温度较低的地区可再加盖畦面小拱棚。对于连续育苗的地块，应提前对土壤进行氯化苦消毒。为了有效提高色素万寿菊的观赏期和采收期，一般视无霜期具体时间提前 50 日左右开始育苗，播种前一天应浇透底水，播种前再浇地 1 次，水渗充分下后刮平畦面。色素万寿菊种子较轻，每克 300 粒左右，播种时每平方米育苗床播种 8 克，为了撒播均匀，可在种子里拌上适量的细沙和多菌灵粉剂。播种后加盖一层 1 厘米左右细土，为防止地下害虫在畦面上喷洒 50% 辛硫磷乳油 800 倍液，然后再在畦面上覆盖一塑料薄膜保温保湿。播后如无缺水现象一般不要浇水，当苗出齐后根据缺水情况，随时浇水。从播种到出苗期间，棚内温度白天保持在 25~30℃，夜间要注意防寒保温。当 70% 幼苗出土时揭去畦面上覆盖的塑料薄膜，增加喷水次数，保持适当湿度，防止过湿。苗出齐后再撒一层细土，防止干裂，并多生不定根。为防止苗期徒长，将白天温度控制在 20~25℃，夜温控制在 8~10℃。喷施 1~2 次药、肥混合液，浓度为 20% 代森锰锌 600 倍、70% 甲基托布津 800 倍、磷酸二氢钾 500 倍混合液。当苗长到 2 对真叶时进行分苗。分苗可另起苗床，按 5 厘米的行距在分苗床上开 3 ~4 厘米的小沟，按 5 厘米的株距把苗摆放在沟内，培土浇水。分苗后浇透水继续扣小拱棚保证温度。定植前 10 天再喷 1 次肥药混合液。定植前 7 天进行炼苗，但也要注意防霜冻。地栽苗定植前一天应浇透苗床方便取苗。

3 定植

北京山区色素万寿菊移栽定植一般在 5 月中下旬至 6 月中旬为宜，可有效避免霜冻。为保证产量和田间管理及采收，多采用三密一稀方式种植，大垄距 120 厘米，小垄距 60 厘米，株距控制在 35~40 厘米，北京地区基本已经可以实现机械化定植，采用改良式烟草移栽机，作业时一个拖拉机手三个种植人员和一个扶苗补苗人员组成一个作业组进行定植作业。移栽机设置行距 60 厘米，栽植深度 12~15 厘米为宜，提前灌好水箱随栽做底水。定植后，扶苗补苗人员应及时对栽歪、压折、缺苗等情况进行处理，并对苗周未充分压实土壤进行镇压。色素万寿菊应避免连作，并定期监测土壤肥力水平，可与大豆等作物倒茬或间作。

4　田间管理

色素万寿菊生长较旺盛，生长前期进行 1~2 次中耕除草即可。中耕不宜过深，第 1 次在定植后 15~25 天；第 2 次在 7 月上旬。为了促进色素万寿菊侧枝开花，增高花量，延长花期，应适时进行摘心。生长期间通常摘 2 次心，选晴天进行。第 1 次是定植后 10 天左右，留 4 对真叶打顶，降低分枝高度；第 2 次在 6 月下旬进行，促进第一茬花花量。色素万寿菊耐土壤贫瘠和干旱，管理相对粗放，但忌水涝，雨季要特别注意排涝。进入现蕾期可结合打药喷追施 3~4 次 500 倍磷酸二氢钾叶面肥。一般定植时灌 1 次透水，可平稳进入雨季，如遇特别干旱季节应及时浇水。

5　病虫害防治

色素万寿菊在北京地区黑斑病发生较普遍，应注意从育苗、定植、田间管理、采收、秸秆处理等环节加以控制，做到预防为主，综合防治。育苗前应注意对土壤进行氯化苦消毒处理，苗期应进行 2~3 次抗菌剂喷施，可使用代森锰锌、甲基托布津、百菌清等抗菌剂。定植后应在缓苗摘心后开始进行常规打药工作，前期以代森锰锌、甲基托布津、百菌清为主，并配合喷施 1~2 次氨基寡糖素或芸苔素内酯提高种苗抗性。进入现蕾期后，一般正值北京地区高温高湿季节来临之时，应补充异菌脲、福美双等抗菌剂喷施，同时配合打药进行磷酸二氢钾叶面肥追施，一般 10 天左右喷施 1 次为宜。

进入采花期后，要注意地面追施 2~3 次偏钾复合肥。色素万寿菊本身含有特殊挥发物，虫害并不严重，前期应注意对蚜虫的控制，防治其传播病毒病，以喷施吡虫啉为主。

采收

色素万寿菊鲜花主要用于提取色素。北京地区色素万寿菊采收时期为 7 月底一直持续到 10 月初。采花的标准是头状花序的舌状花全部展开形成饱满的半杯状，中心花待开，颜色艳丽时即可采收。采收时花梗长度不超过 1 厘米，不要伤花伤枝，一般间隔 7~10 天采收一次。注意如遇发生病害地块不可与未发病地块同时采收，以防交叉感染，采收后应视天气情况及时进行一次抗菌剂喷施。要做到“三不采”即阴雨天不采，带露水不采，不成熟的花不采。采后应立即交售，不宜在农户家中过夜。

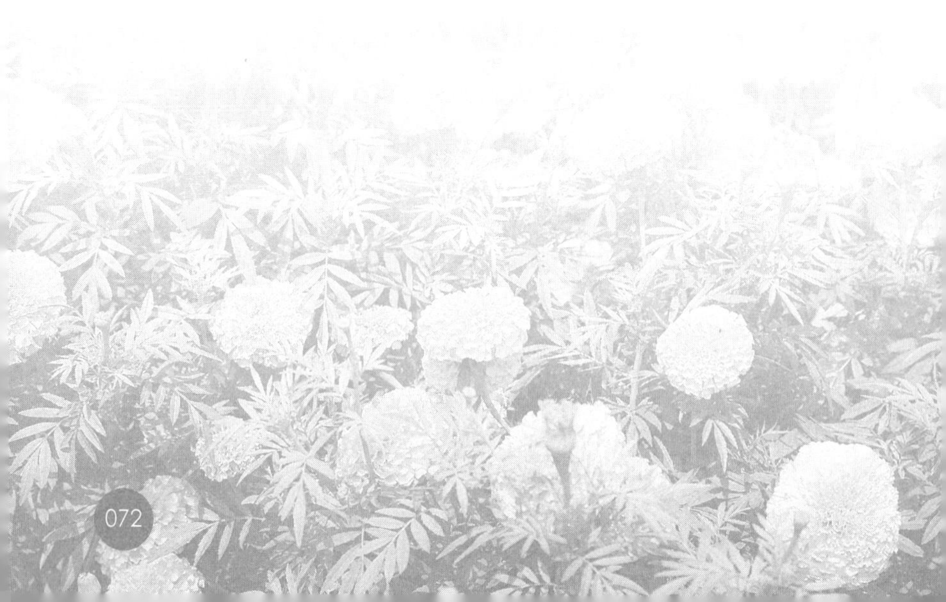

◎ 茶菊栽培技术

茶　菊 *Chrysanthemum morifolium Ramat.* [*Dendranthema morifolium* (*Ramat.*)*Tzvel.*] 菊科菊属多年生草本植物。原产中国，国内各地均有栽培，同药用菊花与品种繁多的观赏菊花在植物分类上是同一个物种。因产地和加工方法不同而分为不同的栽培品种或类型，例如杭菊（浙江）、滁菊（安徽）、亳菊（安徽）、贡菊（安徽）、怀菊（河南）、川菊（四川）、济菊（山东）、祁菊（河北安国）等。随着品种改良，每个类型中，还有不同的品种。目前北京地区表现最佳的主推茶用菊品种为“玉台一号”，该品种适应北京地区环境、植株健壮、株型好，分枝多、花量大、花型均匀，亩产稳定、省工、省水、省肥、耐粗放管理。

特征特性

茶菊植株直立，高约 40~80 厘米，多分支，被柔毛，头状花序直径 2.5~6 厘米，大小不一。舌状花颜色奶白，管状花黄色。花期 8—10 月。

茶菊喜光，耐干旱，怕积水，喜疏松肥沃含腐殖质多的沙质土壤。最适生长温度 15~25℃。对气候和土壤条件要求不严，平川、山地、林缘、幼林林下都可健壮生长。

栽培管理

1 选地整地

栽植地点应选择土壤通气透水，无遮挡物，阳光可直射的地块，地势不宜低洼，土质不宜过黏重，地力宜中不宜过肥。立地

过荫，地力过肥，窝风或过密都会造成徒长而开花不良；根据地理气候等条件不同，茶菊在北京的定植期可从 4 月中旬持续到 6 月上旬。土地整理要点与普通农作物相似，每亩施腐熟的有机肥 3~5 立方米，均匀撒在地块中。用旋耕机旋耕，深度约 20~25 厘米，使有机肥与土充分混合，做到深、平、细、均，防止大土块出现。根据当地水分情况安排适当的田埂或排水沟。

2 繁育

茶菊为无性系繁殖，根据生产技术及种植条件，选择穴盘苗、裸根苗进行扦插繁殖。扦插苗床土一般采用细沙土或蛭石等排水保水性俱佳的灭菌基质，pH 值控制在 6.0~6.8 为宜。扦插时基质需要提前浇湿，插穗蘸上生根剂后就可以直接扦插。育苗床扦插密度为 3 厘米 ×3 厘米，穴盘扦插建议采用 128 目穴盘，每穴一株即可深度为 2~3 厘米。插好穗后浇透水，注意水速细缓均匀，一般要浇水 2~3 遍，浇水后扶苗补苗。苗床的温度最好控制在 15~25℃。一般扦插后前 3 天每天要喷 4~5 遍水，以后则视天气情况减少喷水次数，标准是叶片稍翻白，芯叶不萎蔫为宜。一般扦插两周后，根长到 2~3 厘米长，即可定植。

3 定植

茶菊定植前穴盘苗则要提前控水通风练苗。种植一般采用大小垄方式，大垄 60 厘米，小垄 40 厘米，株距 40 厘米。栽植深度根据地块水浇条件而定，干旱缺水地区定植稍深，一般将基部 l~2 片叶节埋入土中为宜，有水浇条件的地区则定植稍浅。定植前应开沟或挖坑浇透底水，栽苗后压实，补浇 1 次透水。

4 田间管理

茶菊是浅根性植物，中耕除草不宜过深，一般全生长期中耕 2~3 次。第 1 次在定植后 15 天左右，第 2 次在 7 月下旬；第 3 次在 8 月下旬。此外，每次大雨后，为防土壤板结，可适当进行浅中耕。茶菊摘心是增产的一项重要措施，适时摘心不仅可抑制植株徒长，使主茎粗壮，减少倒伏，还可增加分枝和侧蕾，提高花产量。生长期间通常摘 2~3 次心，应在晴天进行。第 1 次是 6 月中上旬，留 3~4 片叶打顶；第 2 次在 7 月上旬，植株抽出 3~4 个 20 厘米长的新枝时，再每新枝留 3~4 片叶摘心。第 3 次在 8 月上旬，主要针对现蕾前冠幅不大的植株进行。茶菊较耐土壤贫瘠和干旱，管理可相对粗放，一般不需浇水追肥，平时仅在最旱时浇水 1~2 次即可，注意雨季应及时清沟排水，以防积水烂根。

5 病虫害防治

茶菊抗逆性强，病虫害也相对较少，多倡导不施药的有机栽培。若不做采茶只做景观可定期喷药防治，常见病害有菊花褐斑病、菊花白锈病、白粉病、褐锈病等，可使用阿密西达、百菌清、代森锰锌等药剂防治。主要虫害是蚜虫、瘿蚊、菜青虫、棉铃虫、红蜘蛛等，可选用吡虫啉、甲维盐、克螨特等药剂防治。喷施农药应选择早晨或傍晚进行。

采收

北京地区茶菊采收时期为 8 月底到 10 月中旬。胎菊的采摘标准以刚刚露出黄色花瓣，不展开为宜。普通茶菊的采摘标准以头状花序的中心小花 70% 散开时，开始采收。采收要选择晴天露水干后，忌采露水花和雨水花；采摘时间应在每天 9 点之后。采花时将花分级放置，注意保持花形完整，剔除泥花、虫花、病花，不可夹带杂物。采用清洁、通风良好的竹编、筐篓容器等盛装鲜花，采收后及时运抵干制加工场所，保持环境清洁，防止菊花变质和混入有毒、有害物质。

◎ 马蹄莲栽培技术

马蹄莲（*Zantedeschia aetiopica*），为天南星科马蹄莲属植物的园艺杂交品系，其花型奇特，花色典雅，叶片特有斑点也具有很高的观赏价值，可用作盆花、切花及园林景观栽培。近几十年，在世界范围内彩色马蹄莲产销量呈现出快速增长的势头，已成为世界上新兴的球根花卉之一，在国际花卉市场上占有越来越重要的地位。目前，全世界彩色马蹄莲品种已超过120个，据不完全统计我国先后引进的品种有40余个，但其中只有少数品种适合北方地区露地景观栽培。

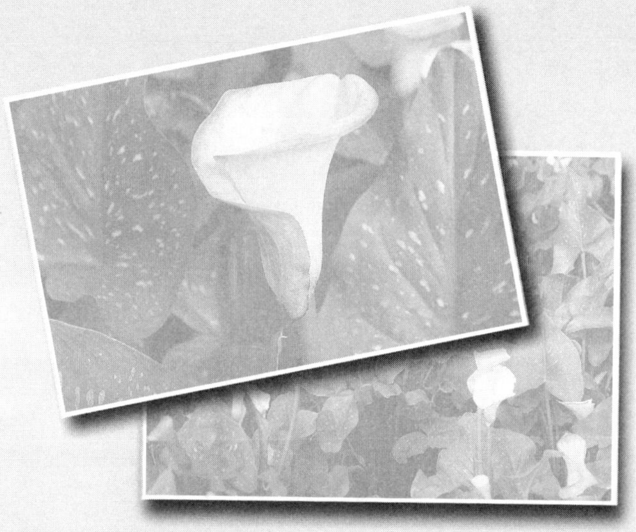

特征特性

彩色马蹄莲为中型草本球根花卉，株高 50~100 厘米，具有肥大的块茎。叶基生，叶片亮绿色，叶片圆形或戟形，全缘，富有光泽，多数品种叶片有半透明斑点。肉穗状花序直立于佛焰中央，佛焰苞似马蹄状，有白色、黄色、粉红色、红色、紫色等，花色繁多。露地栽培盛花期 7—8 月。节处生根，根系发达粗壮。

彩色马蹄莲喜温暖气候，能耐 4℃低温，喜光，耐阴，对光照要求因生育阶段而异，初期要适当遮阳，生长旺盛期和花期要求光照较充足。喜肥水充足、湿润肥沃的壤土，要求空气湿度大。在冬

暖夏凉的湿润环境中可全年开花。彩色马蹄莲既怕寒冷，又畏炎热和高温，高温季节地上部分枯萎，地下部分根茎进入休眠。若温度适宜，马蹄莲可周年开花，休眠后再种植的种球开花繁茂。

栽培管理

1　选地整地

北京地区彩色马蹄莲露地栽培需要简易的避雨遮阳设施，一般选用大棚或避雨棚种植。宜选地势高燥、阳光充足的地块栽植，要求土壤深厚、肥沃、疏松且排水良好的壤土或砂壤土。山区一般 4 月上旬土壤解冻后，亩施腐熟有机肥 2 500~3 000 千克，沤制饼肥 100~150 千克，过磷酸钙 20~30 千克，翻耙入土深翻 40 厘米。彩色马蹄莲地下部易感病，种植前应对土壤消毒。可亩施多菌灵原粉 3~5 千克撒入土壤中进行消毒，或用氯化苦消毒，然后用塑料薄膜覆盖 1 周左右，揭开晾 10~15 天即可种植。种植前平整作畦，采用高畦栽培，畦面宽 100 厘米，沟宽 40 厘米，沟深 20 厘米，长度依照地形及方便排灌而定。应做到畦沟、腰沟、围沟三沟配套，以利排灌畅通。彩色马蹄莲忌连作，而要进行合理的轮作。

2　定植

种球选择　应选抗病性强，花色艳丽，花量大，抗倒伏，相对耐涝的品种。当年采花的彩色马蹄莲最好采用周径 18~20 厘米或者更大规格的种球，14~18 厘米种球也可利用但花量会较少。选种时应从正规渠道采购，要选择健壮无病、色泽光亮、芽眼饱满、完好无损、无病虫的种球。

种球处理　彩色马蹄莲要严格进行种球消毒，一般采用 50% 多菌灵 500 倍液浸种 20~30 分钟，捞出晾干待播种。播种前还应进行赤霉素催芽处理，用赤霉素 1 000 倍液均匀喷洒种球，打破其休眠，促使其出芽和开花整齐。

播种　北京地区露地栽培彩色马蹄莲适期为 5 月上旬至 6 月上

旬。播种密度视种球品种和规格而定，一般中型品种 18~20 厘米规格球采用 30 厘米 × 30 厘米的株行距定植。如遇较干地块应在定植前两天做好底水，注意不要破坏畦面平整。定植时在事先做好的高畦上开三道等宽种植沟，沟深 15 厘米左右，然后按株距等距离码放种球，后覆土抚平即可。定植后喷淋一次定制水，然后用薄地布或遮阳网覆盖即可。

3 田间管理

水分管理 春季种植彩色马蹄莲多数品种可在一个月内出芽，出芽后应及时去除覆盖进行补水，彩色马蹄莲喜湿但不耐涝，最好根据土壤水分状况进行喷淋式浇水。一方面可以补水增加湿度，另一方面在高温时期可以起到一定的降温作用。开花后要适当控制水量，检查土壤湿度的办法是抓一把土紧握有水，但捏不出水将土扔下又可散开。

遮阳避雨 彩色马蹄莲喜阳光但不耐直射，喜湿但不耐涝，因此北京地区彩色马蹄莲露地栽培需要简易的避雨遮阳设施，一般选用大棚或避雨棚种植。顶部塑料膜应保留可起到避雨效果，腰部塑料膜可去掉或换为防虫网，进入 7 月阳光逐渐变强，顶部应加盖遮光率 75% 左右的遮阳网进行遮阴。

中耕除草 当苗高达到 10 厘米左右时，及时中耕除草。生长期一般中耕 2 次，即苗期和现蕾期各 1 次，深度 3~6 厘米。增强土壤通透性。结合中耕进行培土，培土高度 6 厘米左右，不压埋整株，使畦沟平直，深浅一致。

施肥管理 在施足基肥的情况下，彩色马蹄莲对磷、钾的需求量较大，一般出芽后 3~4 周开始追肥，每隔 10 天左右追肥 1 次，常规追肥采用 0.2% 尿素和 0.2% 磷酸二氢钾混合液喷洒叶面，也可随药喷施。在现蕾和开花前用硝酸钙 1 000 倍液喷施 1~2 次，并适当增加磷钾肥追施频率，间隔 4~5 天施 1 次，可促进花大花艳，同时促使种球增长和分蘖仔球。

4 病虫害防治

病害防治　彩色马蹄莲生长过程中易发生软腐病、病毒病、叶斑病等病害，严重影响彩色马蹄莲的商品率及商品价值，尤其是阵雨多、地势低洼积水的地区最易发病蔓延，生产管理中应及时采取有效措施进行防治。防治方法首先应严格选用无病种球，实行种球消毒；二是加强田间管理，实行轮作，高畦栽培，基肥混药剂，排水要保证，田间发现病株及时拔除，集中烧毁，病穴撒消石灰；三是及时实施药剂防治。本着预防为主的原则，常规药剂以 50% 多菌灵可湿性粉剂 500 倍液、65% 代森锰锌可湿性粉剂 500 倍液、15% 农用链霉素 1 000 倍液为主，7~10 天喷洒 1 次。

虫害防治　发现螨叶，及时摘除，集中烧毁。并喷施 73% 克螨特 2000 倍液，或 25% 爱卡士 1 500 倍液防治。蚜虫不常见，主要为害嫩叶、蚜虫寄生在叶片上，吸取汁液，传播病毒，造成植株染病。防治方法为发生初期 50% 吡虫啉 1 500 倍喷雾。

采收

鲜花采收　彩色马蹄莲露地栽培从播种到开花约需 60~70 天，开花后可开放游客采摘，但应采用正确的方法，当佛焰苞先端下倾时即可采收，采收时用手握花茎基部用力侧拔，花枝较长的品种也尽量少用切花方式采摘。采收后可喷施农用链霉素 800~1 000 倍液，杀菌消毒。

种球采收　彩色马蹄莲为多年生球根花卉，采花后种球复壮来年还可利用，因此要加强花后营养和田间管理，充实种球。种球收获的最佳时间是地上叶片枯黄后，先将种球从土中挖出，将泥土清除干净，用 50% 多菌灵可湿性粉剂 500 倍液消毒 30 分钟，放在阴凉通风处晾 2 周左右，放入冷库贮藏，翌年春季可播种。

◎ 百合栽培技术

百合（*Lilium brownie var.viridulum*），是百合科百合属多年生草本球根花卉。原产于亚洲东部、欧洲、北美洲等北半球温带地区。目前我国各地有栽培。近年有不少经过人工杂交而产生的新品种，如亚洲百合、麝香百合、香水百合等。

特征特性

百合株高40~60厘米，还有高达1米以上的。茎直立，不分枝，草绿色，茎秆基部带红色或紫褐色斑点。地下具鳞茎，鳞茎由阔卵形或披针形，白色或淡黄色，直径由6~8厘米的肉质鳞片抱合成球形，外有膜质层。多数须根生于球基部。单叶，互生，狭线形，无叶柄，直接包生于茎秆上，叶脉平行。花色因品种不同而色彩多样，多为黄色、白色、粉红、橙红，有的具紫色或黑色斑点，也有一朵花具多种颜色的，极美丽。花瓣有平展的，有向外翻卷的。花期7月中旬至8月中旬。花落后结长椭圆形蒴果。

百合性喜湿润、光照充足略耐半荫、要求肥沃、富含腐殖质、土层深厚、排水性极为良好的砂质土壤，最忌硬粘土；多数品种宜在微酸性（pH值5.5~6.5）至中性土壤中生长。忌干旱、忌酷暑，它的耐寒性稍差些。百合生长、开花温度范围为16~24℃，低于5℃或高于30℃生长几乎停止，10℃以上植株才正常生长，超过25℃时生长又停滞。

栽培管理

1 选地整地

百合宜选地势高燥、阳光充足的林缘耕地、疏林下或地势高燥平坦的台地，要求土壤深厚、肥沃、疏松且排水良好的壤土或砂壤土。一般4月上旬土壤解冻后要深翻40厘米，施入腐熟的基肥，亩施厩肥2 500~3 000千克，沤制饼肥100~150千克，过磷酸钙20~30千克，翻耙入土，平整作畦，采用高畦栽培，畦面宽100厘米，沟宽40厘米，沟深20厘米，长度依照地形及方便排灌而定。应做到畦沟、腰沟、围沟三沟配套，以利排灌畅通。亚洲和铁炮百合一部分品种可在中性或微碱性土壤上种植，东方百合则要求在微酸性或中性土壤上种植。如土壤pH值不适宜，要进行改良。百合对土壤盐分敏感，故头茬花收获后，有条件的要采用大水漫灌进行洗盐或换土，否则第二年可能会出现缺铁黄化生理病害。种植 3~4 年后要进行轮作。

2 繁育

百合的繁殖方法有播种、分小鳞茎、鳞片扦插和分株芽等 4 种方法，可根据需要任选一种。

播种法繁殖　播种属有性繁殖，主要在育种上应用。方法是秋季采收种子，贮藏到翌年春天播种。播后约 20~30 天发芽，幼苗期要适当遮阳。入秋时，地下部分已形成小鳞茎，即可挖出分栽。播种实生苗因种类的不同，有的 3 年开花，也有的需培养多年才能

开花。

分小鳞茎法　通常在老鳞茎的茎盘外围长有一些小鳞茎。9~10 月收获百合时，可把这些小鳞茎分离下来，贮藏在室内的砂中越冬。翌年春季栽种。培养到第 3 年 9~10 月，即可长成大鳞茎而培育成大植株。此法繁殖量小。

鳞片扦插法　秋天挖出鳞茎，将老鳞上充实、肥厚的鳞片逐个分掰下来，每个鳞片的基部应带有一小部分茎盘，稍阴干，然后扦插于盛好河沙（或蛭石）的育苗箱中，让鳞片的 2/3 插入基质，保持基质一定湿度，在 20℃左右条件下，约 1 个半月，鳞片伤口处即生根。温度度宜保持 18℃左右，河沙不要过湿。培养到翌年春季，鳞片即可长出小鳞茎，将它们移栽，加以精心管理，培养 3 年左右即可开花。

分珠芽法　分珠芽法繁殖，仅适用于少数种类。例如“卷丹”、“黄铁炮”等百合，多用此法。做法是：将地上茎叶腋处形成的小鳞茎（又称“珠芽”，在夏季珠芽已充分长大，但尚未脱落时）取下来培养。从长成大鳞茎至开花，通常需要 2~4 年的时间。为促使多生小珠芽供繁殖用，可在植株开花后，将地上茎压倒并浅埋土，将地上茎分成每段带 3~4 片叶的小段，浅埋茎节于湿沙中，则叶腋间均可长出小珠芽。

3　定植

种球选择　亚洲百合种球最好采用周径 12~14 厘米的种球，10~12 厘米种球也可利用。铁炮百合种球规格除 Snow Queen 最好采用周径 12~14 厘米球外，其他品种可以采用周径 10~12 厘米种球。东方百合种球规格应在周径 16 厘米以上，有些品种也可选用 14~16 厘米的种球。选种时宜选用色泽鲜艳、抱合紧密、根系健壮、完好无损、无病虫的种球。

种球消毒　百合要严格进行种球消毒，一般采用 50% 多菌灵 500 倍液浸种 20~30 分钟，捞出晾干待播种，或用新高脂膜 800 倍液喷洒处理种子（种片），有效驱避地下病虫，隔离病毒感染，不影响萌发吸胀功能，加强呼吸强度，提高种子发芽率。

播种　百合播种适期为4月中旬至5月上旬。播种密度，中等规格种球为株距15厘米、行距15~20厘米，每亩1.8~2.5万株。栽前浇一次透水，当土壤达到手握成团，落地即散时，即可以定植。大规格种球须适当加大株行距，小规格种球则应适当缩小株行距。播时先用锄开挖出播种沟，深度8~12厘米。播前每亩用3%辛硫磷颗粒剂1.5~3千克，拌细土10~15千克，均匀撒施于种植沟内，然后再用50%多菌灵500倍液喷播种沟，进行土壤消毒和防虫处理。按株距排放种球，种球上先盖一层细的腐熟农家肥，然后再覆土至与畦面齐平，盖土厚度一般为种球高度的2倍，切忌覆土过厚。

4 田间管理

百合播后苗前要进行芽前除草，可用33%二甲戊灵（除草通）乳油100~150毫升/亩，对水50~75千克对地表均匀喷雾，或48%仲丁灵（地乐胺）乳油200毫升/亩，对水50~75千克对地表均匀喷雾。当苗高10厘米左右时，及时中耕除草2次。中耕。生长期中耕3次，即苗期、蕾期、花期晴天各1次，深度3~6厘米，增强土壤通透性。结合中耕进行培土，培土高度6厘米左右，不压埋整株，使畦沟平直，深浅一致，有利百合鳞茎膨大。百合生长期间喜湿润，但怕涝，定植后即灌一次透水，以后保持湿润即可，不可太潮湿，在花芽分化期、现蕾期和花后低温处理阶段不可缺水。百合喜肥，定植3~4周后追肥，以氮钾为主，要少而勤。但忌碱性和含氟肥料，以免引起烧叶。通常情况下可使用尿素、硫酸铵、硝酸铵等酸性化肥，切勿施用复合肥和磷酸二氨等化肥。

5 病虫害防治

百合相对其他花卉来说有些娇气，病虫害较多。常见病虫害如下。

百合花叶病　又叫百合潜隐花叶病，病发时叶片出现深浅不匀的褪绿斑或枯斑，被害植株矮小，叶缘卷缩，叶形变小，有时花瓣上出现梭形淡褐色病斑，花畸形，且不易开放。防治方法是选择无病毒的鳞茎留种，加强对蚜虫、叶蝉的防治工作，发现病株及时拔除并销毁。

百合斑点病　病初发时，叶片上出现褪色小斑，扩大后呈褐色斑点，边缘深褐色，以后病斑中心产生许多的小黑点，严重时，整个叶部变黑而枯死。防治方法是除病叶，并用 65% 代森锌可湿性粉剂 500 倍稀释液喷洒 1 次，防止蔓延。

百合鳞茎腐烂病　发病后，鳞茎产生褐色病斑，最后整个鳞茎呈褐色腐烂。发病初期，可浇灌 50% 代森铵 300 倍液。

蚜虫　主要是为害百合的嫩叶、茎秆，特别是叶片展开时，蚜虫寄生在叶片上，吸取汁液，引起百合植株萎缩，生长不良，花蕾畸形；同时还传播病毒，造成植株感病。防治方法主要在蚜虫发生初期 50% 吡虫啉 1500 倍喷雾。

采收

百合种球要在土壤结冻前收获，北京一般 9 月下旬至 10 月上旬，地上部分枯萎时采收。将种球挖出，一定要小心，不要伤及种球和根系，也不要把母球与子球立刻分开，要放在阴凉处干燥 1~2 天（千万不要放在阳光下暴晒），然后去泥土、分离子球。泥土去不掉的可用 5~10℃的水冲洗干净，洗后阴干，再把种球大小分级，分别装入加有草炭土的塑料袋内（塑料袋上有小孔），然后装箱。草炭土要用 50% 多菌灵 800 倍液消毒，将装好的箱放在 5℃的通风良好的室内，保持 4 周后，温度保持时间长，可休眠 7 个月左右，如温度控制较好球茎可保存一年以上。

◎ 天蓝绣球栽培技术

天蓝绣球（*Phlox paniculata*），属花葱科天蓝绣球属多年生草本植物。又名宿根福禄考，原产北美南部，现世界各国广为栽培。园艺品种较多，色彩丰富，从白色、红色至蓝色，也有复色。

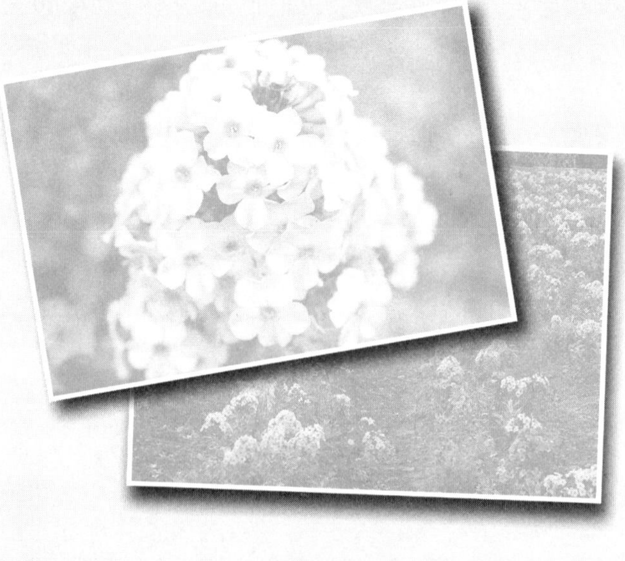

形态特征

宿根福禄考根茎呈半木质化，多须根，株高 40~60 厘米，分枝较多，直立性强，丛生。叶呈十字对生，茎上部长成三叶轮生，制薄长椭圆状披针形至卵状披针形，先端尖，基部狭，长 7.5~10 厘米，边缘具细硬毛。塔形圆锥花序顶生，径 15 厘米左右，小花高脚碟形，花冠先端浅五裂，萼片狭细。花色为堇紫、洒红、粉红和白红，多以粉色及粉红为常见。花期 7—9 月。蒴果椭圆形或近圆形，棕色。宿根福禄考耐寒性强，在我国北方地区可以露地越冬。喜阳光充足的环境，忌夏季强阳光直射。对土壤要求不严，但喜肥沃、深厚、排水好的石灰质壤土，较耐干旱，不耐水涝。具有栽植简单、适应性强、耐旱耐寒、耐盐碱等特点。

栽培技术

1　选地整地

宜选地势高燥、阳光充足的林缘耕地、疏林下、林建或地势高燥平坦的台地种植。土壤以疏松、肥沃且排水良好的沙质壤土为宜。整地应在 3 月下旬至 4 月中旬，每亩施有机堆肥 1 500 千克作基肥，进行翻耕做畦。一般林缘种植半坡台地多为平畦，畦宽 1.2 米，长度不限，以浇水好操作为准；沟底平台地宜选用高畦栽培，畦宽 80 厘米，高 15 厘米，沟宽 40 厘米，长度因地势而异，以方便排灌为宜。

2　繁殖

宿根福禄考繁殖方法有很多种。常用的方法有播种法、扦插法及分株法。

播种繁殖　宿根福禄考宜在秋季播种阳畦越冬或冬季加温温室播种。种子可进行随采随播，不需要后熟，每克种子约 550~600

粒。种子发适温为15~20℃。把准备好的床土首先进行土壤消毒，可用高锰酸钾、福尔马林、敌克松等，配成适当比例的水溶液喷洒苗床。床土经过细筛筛过，床平整好，浇足底水，待水渗下后，将种子均匀地撒播在苗床上，播前最好做一下催芽处理。种子撒播完毕后，把准备好的砂性土均匀筛在苗床上，覆土厚度为0.3厘米，然后用塑料薄膜、拱棚式覆盖，经过7~10日即能发芽成苗。当幼苗有2~3片真叶时进行移植，待苗高10厘米以上时要摘去顶梢，以促其分枝成型。秋季播种，幼苗经1次移植后，至10月上、中旬可移栽冷床越冬。

扦插繁殖　宿根福禄考扦插可在春、夏、秋进行，扦插繁殖分枝插、根插两种。枝插可分为嫩枝扦插和老枝扦插：嫩枝扦插是在

春夏季，从母株丛上剪取长 5~7 厘米的嫩（枝）芽，在苗床进行扦插；老枝扦插，是在秋季结合清园剪取老枝进行扦插。此法育苗速度快，且对母株无影响，翌年夏季可开花。北方寒地需在温室内，冻前将福禄考植株割下，剪成长 8~10 厘米，去掉下部叶片，扦插到沙盘上，扦插深度 3~4 厘米，1 个月左右就可生根，生根后移入塑料育苗钵或育苗筒中，培育成苗到春季露地定植。根插是在分株时将挖断的根，剪成长 3~4 厘米的小段，平放在扦插盘内，盘内放沙土或细沙，摆好根后上面覆土，控温在 20℃左右，保持湿润，30~40 天后可出新芽，出芽后尽早移入育苗钵继续培育成苗，苗高 10~15cm 时可定植。

分株繁殖　宿根福禄考通常株丛生长 3~4 年可进行一次分株。分株在春季(3 下旬至 4 月下旬）植株开始萌动时，或在秋季枝叶尚未枯萎之前进行。将母株连根挖起，注意尽量少伤根，分切成若干个带有 2~4 个芽的小丛，切后立即分栽定植。

3　定植

宿根福禄考在北方地区以 4 月中旬定植为宜。为保障景观效果根据土地质地确定定植密度。沙土地由于不保水保肥，植株生长瘦小因此可以密度大些，土质好的地块的密度小些，一般密度为 5 500~6 000 株 / 亩。定植前要确保土壤条件良好，一般需要浇水、除草、施肥、翻耕、耙平等准备工作，保证 20 厘米土层保持湿润状态，定值时选阴天或傍晚栽植，少伤根系，栽后浇透水，7 天后即可正常生长。

4 田间管理

宿根福禄考缓苗后，以松土除草为主。第 1 次、第 2 次要浅松，使表土干松。地下稍湿润，使根向下扎，并控制水肥，进行“蹲苗”。第 3 次中耕时要深松，结合锄草进行松土，并适当进行根际培土，保护植株不倒伏。中耕除草是田间管理的经常性工作，要做到见草即除，做到田间无杂草。多雨季节要注意雨后要及时松土，防止表土板结而影响植株的生长，松土既增加了土壤的通透性能，又能减少病害的发生。宿根福禄考为直根系，根部入土较深，细根较少，需肥量较小，对氮肥敏感，要多施磷、钾肥。生长期，特别是在摘心、修剪后要及时追施稀薄的液肥，促进分枝生长，开花多。一般施两次肥。第 1 次施肥在定值 7~10 天摘心后，每亩施（19:19:19）保利丰 8 千克；第 2 次施肥在分枝生长至 10 厘米时每亩施（19:19:19）保利丰 10 千克，第 3 次施肥在花蕾将形成时每亩施用保利丰（15:15:30）6 千克，并结合喷药喷施叶面肥（磷酸二氢钾 2 ‰）2~3 次促使花序大，花色艳丽。越冬苗宜在开春修剪后每亩施（19:19:19）保利丰 8 千克；第 2 次施肥在新生枝条长至 10 厘米时每亩施（19:19:19）保利丰 10 千克，第三次同上。宿根福禄考属耐旱植物，怕涝，春季新定植的苗要少浇水以防止幼苗徒长，保证成活为度。多年生苗一般在 4 月中旬地化通后浇足返青水。6 月下旬以后如连续天旱，要进行适当浇水，养护过程中间干间湿，不可过湿。如雨量过多，应疏通大小排水沟，切勿有积水，否则易生病害和烂根。入冬前（土壤封冻前）浇足冻水。宿根福禄考还有一个重要工作就是整形修剪，当苗高 15 厘米时进行 1~2 次摘心（掐尖），促进分枝，控制株高，保证株丛圆满矮壮。开花后，尽快将残花序剪掉，并适当疏密，以保证再萌发新枝二次开花。

5 病虫害防治

褐斑病　主要为害叶、花梗、茎。叶片染病初期为圆形斑点，边缘呈褐色环，略凸起渐向外扩展，有时病斑相互融合成片，使叶干枯，而在茎部发病则形成长条斑，在花梗发病则导致花朵黄化萎凋。有时病斑出现黑色霉层。防治方法：控制介质及空气湿度，不要过高，加强通风透光。可于定植时浇以 2 000 倍多菌灵溶液预防；发病初期以 50% 苯菌灵 1 500~2 000 倍全株喷施。

疫病　此病于幼苗、成株均可发病，主茎和分枝病部初见水渍状，后渐变深，植株输导组织受损而植株枯死，有时出现倒伏。防治方法：控制栽培环境湿度，及时修剪促进通风透光，露地栽培宜避开雨季，或铺设地膜避免雨水溅至茎、叶。移植后可以用甲基托布津 1 500 倍或地特菌 2 000 倍溶液浇灌，每 10 天 1 次。发病初期可以喷施 69% 安克锰锌 1 500 倍溶液、58% 瑞毒霉锰锌 1 000 倍溶液、64% 杀毒矾 1 500 倍溶液。

细菌性斑点病　发生于叶、花及茎。病斑中间灰褐色，呈长条状，周围褐色纹。有时湿度大时病斑出现白色液体。病斑间常融合成片，致叶片枯黄死亡。茎部亦逐渐干枯而死。防治方法：降低湿度，不要过度浇水，减少植株、叶片积水。增强植株抗性，培育壮苗，不宜过度施用氮肥，以使植株抗病性减弱。发病初期以硫酸链霉素 2 000~2 500 倍溶液全株喷施。

白斑病　白斑病又称斑枯病，是福禄考发生较普遍、为害较大的一种叶斑病。起初病害由植株下部叶片开始发生，叶片上出现红色水渍状圆形斑点，直径 2~4 毫米。后期呈暗褐色，病斑中央浅灰。防治方法：加强栽培管理，当年秋季应精心摘除植株的病叶并彻底销毁，以减少翌年的侵染源。栽培环境要通风良好，土壤湿度要适中，不宜过于或过湿。药剂防治：发病期间，可喷洒 75% 百菌清可湿性粉剂 800~1 000 倍液，或喷洒 1∶0.5∶200 波尔多液。

采收

宿根福禄考生长季选择无病、粗壮、花序大、小花多、花色纯正、分枝力强及无病花多的植株做标记，作为种用，然后根据各种不同的繁殖方法，进行处理。

◎ 玫瑰栽培技术

玫瑰（***Rosa rugosa***）原产地中国。属蔷薇科蔷薇属植物。日常生活中人们将蔷薇属一系列花大艳丽的栽培品种（rose）统称为玫瑰，品种繁多，本文主要介绍生物分类中的玫瑰——食用玫瑰。

特征特性

玫瑰直立灌木，高可达 2 米；茎粗壮，丛生；小枝密被绒毛，并有针刺和腺毛，枝杆多针刺，奇数羽状复叶，小叶 5~9 片，椭圆形，有边刺。花瓣倒卵形，重瓣至半重瓣，花有紫红色、白色，花期 5—6 月，果期 8—9 月，扁球形。玫瑰作为农作物时，其花朵主要用于食品及提炼香精玫瑰油，玫瑰油应用于化妆品、食品、精细化工等工业。

玫瑰是阳性花卉，喜凉爽光照、耐寒、耐旱、怕涝。对土壤要求不太严格，适宜生长在肥沃且排水良好的中性或微酸性沙质壤土中。玫瑰花生长的适宜温度为 20~25 ℃。

食用玫瑰生长一般对土壤要求不严，但在有机质含量高、肥沃疏松和排水良好的中性或微酸性沙质壤土、壤土中生长较好。

栽培管理

1 选地整地

规模栽培食用玫瑰，应选择在地势相对平坦、土层深厚、土质肥沃、排灌良好、土壤质地适中、交通方便，附近空气水源无污染、富含有机质、土壤 pH 值为中性或微碱性的地块为宜。一般定植前，深翻整平耙细后，每亩用 99.5% 氯化苦（三氯硝基甲烷）原液 30 千克对土壤进行熏蒸消毒。若在酸性地块栽植，需亩施 50 千克的熟石灰粉进行中和，然后做畦。山坡地沿等高线做台阶，平地按南北向 2~2.5 米宽为 1 行，挖宽 0.8~1 米、深 40~60 厘米的栽植沟，施足底肥，亩施腐熟有机肥 2 000 千克、三元复合肥 30

千克，混匀回填后灌水沉实，在沟口地面上整成宽1~1.2米、中间高15~20厘米的垄面。

2 繁殖方法

玫瑰可采用多种方式繁育苗木，嫁接育苗是玫瑰育苗的主要方式。砧木可选野蔷薇、粉团蔷薇或无刺狗蔷薇等，于11月中旬至12月初扦插繁殖，1~2年生即可嫁接，以3月中旬萌芽前或7月上中旬至9月中旬嫁接成活率高。采用"T"字形芽接或带木质部嵌芽接等方法，接芽选当年萌发的栽培食用玫瑰品种枝条中上部的饱满腋芽，去掉叶片，叶柄留1厘米长，嫁接时先剥去砧木基部针刺，在离地面3~5厘米表皮光滑处开口宽4~5毫米、长7~8毫米，开口大小最好与接芽大小相同，形成层要对齐，然后用塑料条绑紧包好，最后在距接芽上端10厘米处折伤砧木枝条，以利于接口愈合。待接口充分愈合、接芽萌发时解绑，当接芽长到10~15厘米长时在接口上1厘米处剪砧，随时抹除砧芽，培养3~5个月即成栽培苗。另外，玫瑰还可采用分株、压条、扦插等方式育苗。

3 定植

品种选择　玫瑰品种众多，丰产性较好的品种主要有：紫枝玫瑰、平阴1号、平阴3号、丰花玫瑰、重瓣玫瑰等。另外，还有保加利亚玫瑰、苏联香水1~4号、苦水玫瑰、繁花玫瑰及北京白玫瑰等，这些品种虽可食用，但多以提取玫瑰精油为主。

壮苗栽植　北京地区在春季萌芽前选生长健壮、枝条均匀、根系发达、地茎1厘米、株高50厘米以上的嫁接苗，采用1穴多株的方式定植。灌丛行距2~2.5米、穴距0.8~1.5米，立地条件好的可适当加大株行距。栽前将苗木根系浸水12小时，挖好40厘米见方的栽植穴，每穴栽3~5株，以保持原来的入土深度为宜，放入苗木后舒展根系，填一半土后向上提5厘米，再填土踏实并灌透水。若秋栽苗木应培土20~30厘米厚，以防止根系受冻和风干而影响成活。

4 田间管理

土壤管理　定植2~3年后，应加强土壤管理，改善通透性，减少水分蒸发，提高土壤湿度，促进微生物活动。落叶后至萌芽前，结合秋施基肥，采取挖沟深翻方式，从玫瑰枝条外缘顺行开沟，尽量少伤大根，沟深40~50厘米、宽50~60厘米，深翻时与原栽植沟打通。

中耕除草　每年中耕4~5次；生长季灌水或雨后及时除草，特别是要清除多年生宿根杂草和蔓生攀援植物。

合理间作　定植后前3年，为充分利用土地，提高经济效益，可在距植株30厘米外间作花生、大豆、中药材等矮秆作物。

肥水管理　萌芽期，在距根部30厘米处每灌丛穴施含氮量高的复合肥50克左右；花前20天、10天、5天各喷施1次0.3%磷酸二氢钾叶面肥；采花后，结合松土，每灌丛穴施按1∶1比例配成的尿素与复合肥60克左右。秋末落叶后，结合深翻每亩施入腐熟有机肥2 000~3 000千克、三元复合肥30~50千克。施肥后要及时浇水，以利养分的分解和吸收。玫瑰生长期保持土壤墒情，花期最忌干热风和土壤干旱，要灌好催花水、盛花水、花后水并灌好催芽水和封冻水；玫瑰园内最好安装滴管，省水又能保持土壤透气性。

修剪复壮　食用玫瑰枝条连续开花能力弱，3年后即衰老，应逐年进行更新或复壮。

◎修剪时间。冬季修剪一般于1月上旬进行，可避免伤流。花后修剪以整个花序花采完后进行为好，以提高下茬花的产量。

◎修剪方法。根据株龄、生长状况、肥水及管理条件，按照以疏剪为主、短截为辅的原则进行冬剪，达到株老枝新、枝多不密，改善通风透光状况。冬剪以疏剪为主，每丛选留粗壮枝条15~20枝，空间大的短截促发分枝。对生长势弱、老枝多的在距地面5~6厘米处重剪，达到集中营养、促进萌发新枝、恢复长势的目的；对3年生以下的花枝，修剪以疏除病残枝、交叉枝、细弱枝、徒长枝为主，选留的健壮骨干枝剪留高度在 1.5 米左右；3 年生以上的花枝要进行更新修剪，即每年疏除或短截 1/3 的老枝，并在相应部位培育健壮新枝，达到 3 年更新 1 次。花后修剪是在花蕾采收后适度轻剪，主要剪除过旺枝、密挤中膛枝、枯死枝、重叠枝、病虫枝、砧木的萌蘖和枝条，以保持地上部、地下部平衡，提高下茬花的产量。

5 病虫害防治

食用玫瑰病虫害较少，尽量避免花期喷药。休眠期及时进行清园，清除病枝、落叶，刮除病疤，结合修剪剪除病虫枝、弱枝、过密枝集中烧毁，并对全园喷 1 遍 2~3 波美度石硫合剂，铲除越冬病虫。采花后，每半个月喷洒 1 次三唑酮、百菌清或退菌特预防病害；用吡虫啉、螨死净、螨蚧杀喷雾防治蚜虫、金龟子、大袋蛾、红蜘蛛、介壳虫等虫害。

采收

一般根据品种选择健壮饱满的花蕾人工采收。用于食品加工的玫瑰，在花蕾充分膨大、花瓣尚未开裂即花蕾饱满期采摘；提炼玫瑰花精油的玫瑰，则应在花瓣半开呈杯状即半开期采摘；用于制作花茶的玫瑰，要求在花蕾充分膨大，但尚未开放时采摘。采收时间一般以早晨 5~7 时最佳，提炼精油的玫瑰要在 4~9 时采摘。食用花采后应当天进行处理，勿积压堆放，以免鲜花发热发酵，损失香气。食用玫瑰的初加工产品有：玫瑰干花蕾（玫瑰茶）、玫瑰细胞液等。玫瑰干花蕾加工是先经杀青，再分阶段调至 65℃及 60℃烘干，即可将花蕾烘干至粉片状，有 70%~80% 的花托用手捻碎后呈丝状的干花蕾可包装出售。一般 3 千克花瓣可提取 1 千克玫瑰细胞液，可以作为加工多种食品的原料。

◎ 牡丹栽培技术

牡丹（Paeonia suffruticosa）芍药科，芍药属植物，是重要的观赏植物，原产于中国西部秦岭和大巴山一带山区，为多年生落叶小灌木。牡丹根皮入药，名曰“丹皮”。牡丹花被拥戴为花中之王，有关文化和绘画作品很丰富。牡丹素有“国色天香”、“富贵之花”、“花中之王”的美称。

特性特征

牡丹为落叶灌木，高 1~2 米；树皮黑灰色。茎直立，多分枝，粗壮，无毛。二回三出复叶，顶端小叶长达 7~8 厘米，深 3 裂近中部，裂片上部 3 浅裂或不裂；侧小叶较小，卵形或斜卵形，有不等的浅裂或不裂，上面深绿色，无毛，下面被白霜，沿叶脉有疏生柔毛或近于无毛；叶柄长 8~12 厘米，顶生小叶有短柄，侧生小叶无柄，侧生小叶无柄。花单生枝顶，大型，直径 12~20 厘米；萼片 5，绿色；花瓣 5，或为重瓣，白色、红紫色或黄色，倒卵形，先端截形或 2 浅裂；雄蕊多数，花丝狭条形，花药黄色；花盘杯状，红紫色，包围心皮，在心皮成熟时，花盘裂开；心皮 5，密披柔毛。果卵形，密被子黄褐色绒毛。花期 4—5 月，果期 6—7 月。

牡丹朵大、花色鲜艳绚丽，在青翠绿叶的扶持下，显得雍容华贵、姿态娇媚，加之清香袭人，十分动人，故而历来有“国色天香”之美誉，被公认为花中之王。

牡丹为深根性落叶灌木花卉，性喜阳光，耐寒，爱凉爽环境而忌高温闷热，适宜于疏松、肥沃、排水良好的砂质土壤中生长。它有一定抗旱能力而不耐潮湿，忌栽植于积水的低洼处，若土壤中水分过多，其肉质根部容易腐烂。牡丹品种很多，根据花的色泽来分，可分为白、黄、粉、红、紫、绿、黑、蓝 8 类；按花型分，可分为单瓣型、半重瓣型、重瓣型、球型等；按开花早晚分，有早开花种、晚开花种、中开花种 3 类。

栽培管理

1 选地整地

栽植时间最好在 10 月上旬或中旬 (阳历)，先要选好地势高，土层深厚，土质疏松、肥沃，排水量好的地域。最好要有 1 米以上厚度的培养土、疏松沙质土层 (不宜在疏松土层太薄，下面是结的硬土或黏土处栽种)。地选好后行翻土、耙细，接着填施猪畜粪、骨粉、油饼、草木灰肥等作基肥。然后在地块周围开挖 30~40 厘米深的排水沟。牡丹因根须较长，株棵较大，适合于地栽，若要盆栽，则应选大型的、透水性好的瓦盆，盆深要求在 30 厘米以上。最好是用深度为 60~70 厘米的瓦缸。

2 繁殖方法

牡丹花的繁殖，用播种法、分株法、嫁接法都可以。但用播种法时间太长，从播种时起，要 4~5 年后方可见花；嫁接法因技术性较强，只适于有经验的莳花老手采用，新手难以接活，若措施不当，接活后也难以顺利成长，所以一般以采用分株法者为多。分时应选比较健壮的、4~5 年内未曾分过的植株。先将全株掘起，剔去根土，放置阴处阴干 1 天，然后用手扒开，用刀分割 (保留一部分根系及近根处的蘖芽）开，成3株（不宜多分，每株应有3~5个蘖芽），分好后将过粗的大根剪除，再在伤口处涂1%的硫酸铜进行消毒，或阴凉1~2天后再栽，免得感染病毒。

3 定植

牡丹栽培的深度约为20~30厘米，不宜太深，不能超过原来老根的深度。栽得过深过浅都生长不旺。栽时要注意使其根须自然舒展，均匀散布于栽植穴中。栽完后稍微揿压一下，使根部和土壤紧密，然后浇1次透水，此后1个月内不可再浇水，更不可浇肥。天气冷时，最好能在根部周围盖一层干马粪，为其御寒；若在北方栽植，还应在栽苗地的北面竖挂一些挡风的草帘，以防冻伤。

4 田间管理

露地栽培　1~2个月后，若天气干燥无雨，可适量浇水，但要掌握一个原则：牡丹害怕积水，宁可干，不能涝。干一点无大碍，但过潮就会烂根死亡。平时只要能保持其土不过分干燥即可。遇到连续下雨的天气时，要及时疏通排水沟，切不可让其根部积水。牡丹喜肥，要掌握几次重要的施肥当口，第1次为初萌芽时期，此时最需要养分，应施速效肥，使植株根部获得充分营养。第2次为开花前1个月时，也宜浇施速效肥，对当年牡丹开花有促进作用。第三次为花后肥，即在开花后半个月内进行，施肥量可以大些。这次肥对第二年花开得好坏有决定作用。以上几次都可施经过充分腐熟的饼肥。第4次为越冬肥，即在入冬前结合冬灌进行，可施经过堆积的有机肥。这次肥可以改变土壤结构，增加地温，对植株越冬有保护作用。春暖以后，植株周围地面要进行除草松土。浅锄即可，不宜锄深，以免伤及花根。此后每次下过雨后，天放晴就宜再次松土，不使根部附近长草。牡丹不耐高温，夏季天热时要及时采取降温措施。最好搭个凉棚，为其遮阴。中午前盖上草帘或芦苇，傍晚揭去。这一措施及时做好，可以防止落叶，若任其受热、落叶，将严重影响以后开花。从分株第二年起，每到早春二月，就应查看近土的基部脚芽情况，只能留 5~6 股健壮脚芽，并使其分布均匀，把其他多余的脚芽剥去，这叫做“定股拿芽”，因为留得太多，就会影响次年开花。

盆栽 牡丹除露地栽培外，还可以进行盆栽观赏。栽植季节以 9—10 月为最好。盆栽牡丹应选择适应性强、早开花、花型较好的洛阳红、胡红、赵粉等品种。植株宜选用芍药作砧木嫁接的 3~4 年小棵牡丹或具有 3~5 个枝干的分株苗。盆栽时，盆底可用粗砂或小石子铺 3~5 厘米厚，以利排水。盆土宜用黄砂土和饼肥的混合土，或用充分腐熟的厩肥、园土、粗砂以 1∶1∶1 的比例混匀的培养土。填土要使根系舒展，不能卷曲；覆土后要用手压实，使根系与泥土紧密接触，才易于成活。上盆后浇 1 次透水，放半阴处缓苗。转入正常管理后，可放置向阳处，保证其有充分的阳光照射。生长期间要经常松土，每隔半个月左右施一次复合肥。新上盆的牡丹，不能施肥，特别忌施浓肥，否则肉质根会发霉烂死。半年后可逐渐施些薄肥，如腐熟的鸡粪水或豆水等，肥水比例以 20%~30% 为宜。新上盆的牡丹第一年不一定能开出好花，但培养 1~2 年后，就能连年开花。牡丹一年在 4 月中、下旬开花，开花前可追施 1~2 次液肥；开花后半个月再追施 1~2 次液肥；伏天可用麻酱渣（每盆约 40~50 克）施 1 次干肥，以利花芽分化。牡丹系肉质根，稍能耐旱，最怕积水，故浇水是否得当，是盆栽牡丹成败的一个关键问题。一般早春出室的牡丹，应先施一次肥水，然后浇透水，水稍干后松土。以后浇水应根据天气、盆土情况，适时、适量进行，经常保持盆土湿润，有利牡丹生长开花。合理的浇水，应该是见干见湿，不宜浇大水，防止盆内积水，以免烂根落叶。牡丹开花时，可设棚覆盖或暂时放在室内，避免阳光直射，这样可延长开花期，对主枝顶芽是叶芽的，应摘去，以免徒长，影响开花。为使牡丹开花鲜艳，花期可用 0.5%~1% 的磷酸二氢溶液进行叶面喷施 2~3 次。牡丹花谢后，要进行一次整形修剪，及时剪去残花及花梗，不令结籽，保留茎部的 1~2 个外侧芽，这样可使植株生长旺盛，保证次年开花。牡丹虽然较耐寒，但在华北等寒冷的地区，立冬前后，应搬入室内，放在房间的向阳处，室温保持 0℃左右即可。次年出室不宜过早，须待清明前后再出室。不太寒冷的地区，可选隐风处将花盆埋入土壤内，使盆面与地面平齐，以保持盆土的湿度和温度，也可保证牡丹安全越冬。待第二年春天牡丹花现蕾后，再连盆将牡丹从地中挖出，进行正常管理。

5 病虫害防治

牡丹常见的病害是褐斑病，初起时叶面出现黄绿色斑点，以后逐渐扩大，形成褐色或黑色斑纹。可用波尔多液每月喷 1~2 次，若病情严重则可喷 3 次。对染病较重的叶子要剪下烧掉，以防蔓处延。还有一种根腐病，它专门危害牡丹根部，病状是根部变黑、腐烂，妨碍生长，重的可导致整枝死亡。防止此病在分株栽植时就要认真检查，若发现有病根，一定要剪除烧掉，并于栽植时在栽植穴中撒些硫黄粉。牡丹常见的虫害为吹绵介壳虫。入冬或早春时用石硫合剂涂在枝干下部，也有较好的效果。

采收

牡丹种植 3~5 年后，可选定采收。7—10 月采收，7 月采收由于水分较多，容易加工，且加工后质韧色白，产量较低，称为“新货”；10 月采收，质地较硬，加工较困难，不易剥皮，但产量较高，而且所含的有效成分较高，质量较优，称为“老货”。采收时宜选择晴天进行，先挖开植株四周的泥土，再将根部全部刨出，抖去泥土，结合分株，把大、中等的粗根系齐根部剪下，作为药用。细小的根条作繁殖材料。牡丹不宜在雨天采收，否则丹皮接触到水会成为红色，影响质量。

第四章

典型沟域花卉景观示范点展示

◎ 延庆区

◎ 密云区

◎ 房山区

◎ 怀柔区

◎ 延庆区

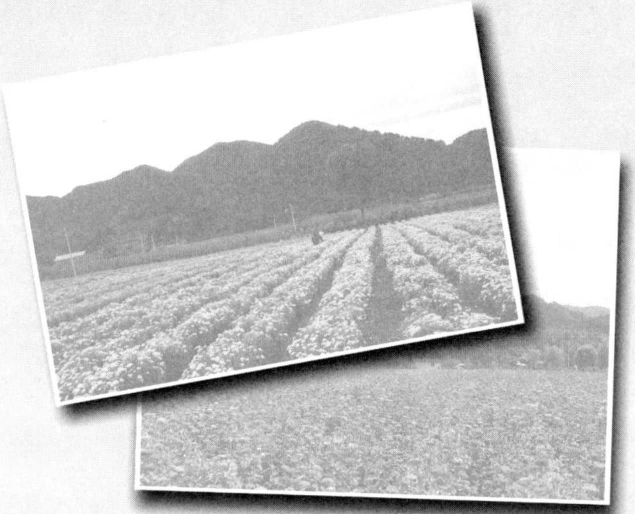

四海镇“四季花海”景观区

简介　四季花海主景区位于延庆区四海镇，是四季花海沟域的核心区域，四海镇依托花卉特色产业，建设创意农业示范区，大尺度打造大地景观。根据地势以万寿菊为主打品种，辅以茶菊、玫瑰、百合等花卉营造花海，营造了“遍地菊花黄金谷，两岸青山自然神”景观效果。修建了观景台、观景亭、山地公园、登山步道、自行车骑行路、观光循环步道等旅游设施。挖掘了花卉文化内涵，推出了特色花卉宴、扒猪脸、全牛宴等特色餐饮，开发花卉采摘、打花饼、逛花市、花海巡游等亲花体验活动。

景观模式　规模花海景观、条带式花海景观、复合梯田景观及花卉采摘景观。

主要产品　茶菊、玫瑰饼等特色农特产品。

消费项目　农家院、花海骑行。

自驾路线　八达岭高速，延庆城区出口下，进入延庆城区后，走延琉路（延庆至怀柔琉璃庙），约50千米后，便可到达四海镇。

珍珠泉乡“珍珠山水”景观区

简介　珍珠泉乡位于延庆区东部，是四季花海沟域的终点，同时也是连接四季花海与百里山水画廊的必经之路。在景观设计中，根据该段沟域突出的山水特色，遵循因地制宜、借势造景的原则，分别打造了玫瑰园、珠泉喷玉广场和留香谷香草园3个景观节点。示范应用了玫瑰、百日草、小丽花、鼠尾草、马鞭草等18个景观作物品种，营造了以“珍珠山水”为主题的整体农田景观。2015年，还新增了一个人形药材科普园，尝试发展以养生为特色的民俗旅游产业。

主要景观模式　复合式花海景观、条带式花海景观及艺术造型景观。

主要产品　蜂蜜、玫瑰酱等特色农特产品。

消费项目　农家院、花海骑行。

自驾路线　走京藏高速（原八达岭高速公路），到延庆城区出口下，进入延庆城区后，走延琉路（延庆至怀柔琉璃庙），过四海镇奔珍珠泉方向即到。

刘斌堡乡“百花园”景区

简介 刘斌堡乡地处延庆区中部地区，东与四海镇相邻，西、南与永宁镇接壤，也是“四季花海”沟域起点。该乡在北京市农业技术推广站技术支持服务下，成功打造了百花园景观区。百花园背靠青山，仙气弥漫，风景如诗如画，是京郊四季花海的大门，同时也是进入延庆百里山水画廊的必经之路。百花园主园区观光园总占地面积为 1 000 亩，引导花带 1.5 千米，沿公路两侧坡地和绿化带内分段种植金盏菊、满天星、波斯菊、虞美人、紫罗兰等 60 多个品种特色花卉，建立兼顾景观和效益的主题园 10 个，包括油菜、桔梗、射干、紫苏、玫瑰、马鞭草、万寿菊、鼠尾草、向日葵等各色经济观赏类花卉共计 1 000 亩，花开时，不同的花卉带色彩分明，形成壮阔的大地景观。刘斌堡乡在打造花海美景的同时，在百花园附近的刘斌堡村，山南沟村和大观头村等村落中积极发展建设民俗旅游，使观光游客游玩之余可以就近休息就餐，领略原汁原味的农家风情。

主要景观模式 规模花海景观模式、条带式花海景观。

主要产品 鲜食葵盘采摘、农特产品。

消费项目 农家院。

自驾路线 走京藏高速（原八达岭高速公路），到延庆城区出口下，进入延庆城区后，走延琉路（延庆至怀柔琉璃庙），约 20 千米后可到达。

千家店镇“百里画廊”景观区

简介 千家店镇位延庆区东北部，属延庆生态涵养区的核心区，镇域内生态环境优良，旅游资源丰富，以打造百里山水画廊而著称。景区引进颜色鲜艳的向日葵在百里画廊沿线的农田进行轮换种植，种植地主要在百里画廊沿线的红石湾、沙梁子村、三道河、三间房、平台子等村。在向日葵开花期间，营造了自然山色与向日葵花海交相映衬的景观效果。近年增加了蓝花鼠尾草、柳叶马鞭草、百日草、鸡冠花等多种花卉品种，使当地的向日葵景观更加多元化。

主要景观模式 规模花海景观模式、条带式花海景观。

主要产品 鲜食葵盘采摘、农特产品。

消费项目 硅化木国家地质公园、滴水壶等公园，以及农家院。

自驾路线 经京藏高速公路（原八达岭高速公路）到延庆区城，往龙庆峡方向，走香龙路旅游专线（或往沈家营、永宁方向），沿“百里山水画廊”、“乌龙峡谷”指示牌即到。

◎ 密云区

太师屯镇“人间花海”园区

简介　人间花海观光园位于密云区太师屯镇车道峪村，地处两山夹一沟的沟峪地带。景区以“山间花海、爱情地、水中薰衣草”为主题，种植了薰衣草、刘烨马鞭草、百日草等数十种香草和花卉植物，还修建了水道、沙滩、木屋等，是集观光、影视摄影、礼仪庆典、观光采摘、农艺体验、水上娱乐、特色餐饮娱乐服务于一身的现代化花卉主题休闲度假庄园。

主要景观模式　复合式花海景观、条带式花海景观、驳岸湿地景观及植物缓冲带景观。

主要产品　花卉精油、花卉种子、小盆栽花卉系列产品。

消费项目　门票、餐饮、木屋住宿、水上娱乐项目。

自驾路线　京承高速—国道 101(京密路)—太师屯出口右转—雾灵山方向直达车道峪村。

巨各庄镇“玫瑰情园”园区

简介　玫瑰情园位于北京市密云区巨各庄镇蔡家洼村，现种植面积 1 500 多亩，目前有“丰花 1 号”、“四季玫瑰”和“大马士革”等多个玫瑰品种，并引进了 7 个色系的十余种月季蔷薇。景区围绕玫瑰文化产业，引入中世纪欧洲贵族马车及驿站的概念选取希腊、威尼斯、米兰、巴黎等四个以浪漫著称的城市，通过微缩景观设计手法来设计，在玫瑰园中打造相识、相知、相恋、相守的欧洲浪漫城市之旅，是北京首家集休闲观光、产品展销、农业科普及徒步健身为一体的多功能主题公园。

主要景观模式　生态护坡景观、复合梯田景观。

主要产品　玫瑰系列产品、特色豆制品及有机水果。

消费项目　门票、玫瑰采摘、玫瑰系列产品 DIY、巧克力亲子 DIY、陶艺体验。

自驾路线　沿京承高速穆家峪收费站出，向南沿密兴路行驶 500 米到达蔡家洼路口（张裕爱斐堡酒庄），再向南行驶 1 千米到达。

◎ 房山区

韩村河镇“天开花海”园区

简介　天开花海景区位于韩村河镇天开村北，分为花海种植区、百科示范区、观光露营区、管理服务区等4个功能区。景区根据当地“人”字形地貌特点，以“花”文化为主打产业，以万亩“天开花海”建设为中心区，种植油菜花1 000多亩，同时配合其他花卉，形成了独特的花卉景观效果。

主要景观模式　规模花海景观、复合式花海景观。

主要产品　花海巡游、特色农产品。

消费项目　门票、农家院。

自驾路线　京石高速闫村出口，顺房易路直行，天开村口右转顺路3千米即到；或京石高速琉璃河出口出，往琉璃河方向直行至上方山公园门口，右转，直行见圣水峪路牌，左转，按天开花海指示牌行使即到。

长沟镇“水岸花田”园区

简介　长沟水岸花田位于长沟镇沿村，主要种植油菜花、向日葵、牡丹、芍药、荷花、鼠尾草等一系列景观作物，成功打造了特色农业观光系列活动“长沟花田节”，为前来赏花的市民提供花海摄影、亲子娱乐、户外野营、游船赏荷、果园采摘、品农家饭、购土特产等极富北方水乡特色的乡村旅游服务，让游客充分感受到长沟水岸花田的魅力。

主要景观模式　规模花海景观、生态湿地景观。

主要产品　特色农产品、向日葵采摘体验。

消费项目　门票、农家院、特色农产品。

自驾路线　走京石高速公路，在琉陶路韩村河出口下，经过韩村河政府到达房易路左转朝易县方向行驶，大约行驶 500 米路西即到。

◎ 怀柔区

喇叭沟门乡“喜鹊登科”满族风情园

简介 基地主要位于怀柔区喇叭沟门满族乡，面积500亩，该园区位于北京怀柔区满韵汤河沟域。主要种植金莲花、茶菊等景观经济花卉作物，及谷子、荞麦等特色杂粮作物，同时营造出多种农业景观。目前园区以“公司+基地+合作社”的生产经营模式，形成生产、加工、销售、观光、采摘一条龙服务，并通过定期的互动活动推介花卉文化和乡土文化。

主要景观模式 复合花海景观、条带花海景观。

主要产品 金莲花茶、菊花茶、玫瑰花茶、特色杂粮。

消费项目 农家院、特色农产品。

自驾路线 走京承高速公路，在怀柔城区出口出，通过联络线到达京加路（G111），沿京加路向丰宁方向行驶90千米，即到喇叭沟门满族乡，园区位于对角沟门村委会东100米。

喇叭沟门乡高寒植物园

简介　喇叭沟门乡是北京市生态系统类型和生物物种最为丰富的地区之一，这里是生物多样性宝库，又是生态安全的重要屏障。为了保护喇叭沟门乡内的濒危植物，该乡在白桦谷沿线上打造了濒危植物园。通过近几年的不断完善发展，目前园内已栽培濒危和有开发价值的高寒植物 170 余种，涉及乔木、灌木、草本野生花卉、野生药材、野生蔬菜，并于 2014 年更名为高寒植物园。通过濒危植物园的深入建设，喇叭沟门乡将利用当地强大的植物资源，开发药膳资源食用工艺技术以及对野生花卉适合的品种进行大面积的推广，带动村民实行产业化经营，推进乡域经济发展。

主要景观模式　复合花海景观、条带花海景观、廊架景观模式。

主要产品　野生花卉种苗、药用植物种苗。

消费项目　农家院、药膳。

自驾路线　走京承高速公路，在怀柔城区出口出，通过联络线到达京加路（G111），沿京加路向丰宁方向行驶 90 千米，即到喇叭沟门满族乡，园区位于喇叭沟门村白桦谷景区沿线。

参考文献

［1］ 包满珠 . 花卉学 [M]. 北京：中国农业出版社，2003.

［2］ 夏征农 , 陈至立 . 辞海 [M]. 上海：上海辞书出版社，2010.

［3］ 梅家训，丁习武 . 组培快繁技术及其应用 [M]. 北京：中国农业出版社，2003.

［4］ 杨世杰 . 植物生物学 [M]. 北京：高等教育出版社，2010.

［5］ 王耀林，张志斌 . 设施园艺工程技术 [M]. 郑州：河南科学技术出版社，2000.

［6］ 朱莉，王忠义 . 农田景观构建指南 [M]. 北京：中国科学技术出版社，2014.

［7］ 吴征镒 . 中国植物志 [DB]. http://frps.eflora.cn/

［8］ 曹美玉 . 园林植物彩色图鉴：花坛草花 [M]. 北京：中国林业出版社 ,2012.

［9］ 赵庚义，车力华 . 花卉商品育苗技术 [M]. 北京 : 化学工业出版社，2008.